Global Energy Interconnection
Development and Cooperation Organization
全球能源互联网发展合作组织

U0168811

大规模储能技术
发展路线图

全球能源互联网发展合作组织

中国电力出版社
CHINA ELECTRIC POWER PRESS

前 言

　　能源事关人类可持续发展全局。当前世界面临资源紧缺、气候变化、环境污染、能源贫困等一系列重大挑战，根源是人类对化石能源的大量消耗和严重依赖。应对这些挑战，是实现人类可持续发展重大而紧迫的任务。从本质上看，可持续发展的核心是清洁发展，关键是推动能源生产侧和消费侧的变革与转型。全球能源互联网是清洁主导、电为中心、互联互通、共建共享的现代能源体系，为清洁能源在全球范围大规模开发、输送、使用搭建平台，推动以清洁化、电气化、网络化为特征的全球能源转型。

　　为加快推动构建全球能源互联网，促进人类可持续发展，全球能源互联网发展合作组织对储能等关键技术开展了广泛调研和深入研究。风能、太阳能等电源的发电能力由自然资源条件决定，呈现随机、波动的不可控特点，难以为系统提供稳定的电力供应，更无法随负荷需求大小变化而调节出力。系统对储能的需求本质上取决于能源生产与消费间的不平衡程度，电力系统生产与消费间的不平衡度由净负荷的特性决定。随着大规模清洁能源基地和分布式能源的持续开发，高比例清洁能源电力系统逐步形成，系统的净负荷波动不断增加，电力系统对储能的需求也随之增强。储能在提升电力系统灵活性、经济性和安全性方面发挥着重要的作用，将广泛应用于全球能源互联网的各个环节。

　　本报告回答了能源清洁化转型需要什么样的储能、需要多少储能、如何应用和评价三个重要的技术战略问题，为储能技术发展和经济指标提升指明了方向，描绘了技术进步和行业发展的宏伟蓝图。首先梳理了储能技术发展现状，研究了不同应用场景对储能技术的要求，提出了储能匹配度量化指标体系，开展了各应用场景储能技术匹配和配置方法的研究。其次，基于系统运行综合成本优化模型，提出了能源转型过程中大规模储能总体需求和配置的测算方法，测算了 2050 年全球储能总体需求，分析了影响储能需求总量、技术、成本及

配置的主要影响因素，提出了支撑能源清洁转型要求的储能技术经济发展目标。在此基础上，从储能本体、系统集成、运行控制等方面提出了关键技术难点，制订了 2035、2050 年的分阶段研发规划和优先行动计划，形成全球能源互联网场景下大规模储能关键技术发展路线图。最后，从储能体系结构、构建过程及广义储能等方面对未来高比例，甚至 100% 清洁能源系统的储能体系进行了展望。

　　本报告历时 1 年，与国内外电力系统规划运行、储能技术研究与应用的科研院所开展合作，广泛听取了行业内外专家的意见和建议。希望本报告能为政府部门、国际组织、能源企业和研究机构相关人员开展政策制定、战略研究、项目开发、技术创新提供参考和借鉴。受数据资料和报告编写时间所限，内容难免存在不足，欢迎读者批评指正。

摘　要

　　当前世界面临资源紧缺、气候变化、环境污染、能源贫困等一系列重大挑战，根源是人类对化石能源的大量消耗和严重依赖。应对这些挑战，关键是推动能源生产侧和消费侧的变革与转型。全球能源互联网是清洁主导、电为中心、互联互通、共建共享的现代能源体系，为清洁能源在全球范围大规模开发、输送、使用搭建平台，推动以清洁化、电气化、网络化为特征的全球能源转型。为加快推动全球能源互联网的构建，全球能源互联网发展合作组织对储能等关键技术开展了深入研究。

　　对电力系统而言，储能的功能就是直接或间接地提供调节能力，消除电力供应和需求之间的差异，保证系统灵活性。在传统电力系统中，化石能源、水能、核能等一次能源都是有形实体，易于存储，储能主要配置在一次能源侧，如煤场、油罐、水库等。发电机组依托这些储能设施为系统提供调节能力，功率调节能力为最大负荷的 60%～70%，能量调节能力为全年用电量的 3%～5%。然而，随着能源清洁转型不断深入，风电、光伏等波动新能源发电装机占比不断提高，常规调节能力逐步减少，需要引入新型储能作为调节能力来源，电储能将成为高比例清洁能源系统中重要的储能形式，在电力系统发、输、配、用各环节可广泛应用。在电源侧，可以平滑新能源出力波动，调频、调峰；在电网侧，主要用于提供系统备用，缓解输变电设备阻塞；在用户侧，可用于提高电能质量，参与需求侧响应。

　　储能的技术类型众多，各有优势也各存缺陷。按照能量存储方式不同主要分为机械储能、电化学储能、电磁储能、化学储能和储热等。不同类型储能技术的原理不同，技术经济特性各异，在电力系统中的应用情况也有明显区别。

　　机械储能方面，抽水蓄能技术成熟，使用寿命长（超过 50 年），转换效

率较高（约 75%），装机规模可达吉瓦级，持续放电时间一般为 6~12h，但选址要求高且建设周期长，功率成本为 700~900 美元 / kW。传统的压缩空气储能技术成熟，使用寿命长（30 年），但转换效率低（约 50%），功率成本900~1500 美元 / kW；依托地下天然洞穴储气，储能规模可达数十小时，但选址要求较高；利用储罐储气的新型压缩空气储能选址较为灵活，但仍处于试验示范阶段。飞轮储能具有功率密度高（5kW/kg）、设备体积小、转换效率高（超过 90%）的特点，但持续放电时间短（分钟级），是典型的功率型储能技术，其能量成本为 1.5 万~1.8 万美元 / kWh。近年来，由于机械储能原理简单可靠，不少机构开始探索混凝土块等新型固体重力储能。

电化学储能方面，锂离子电池能量密度高，转换效率高（90%~95%），但循环寿命（约 4000 次）仍有待提高，且存在消防安全隐患，能量成本 300~400美元 / kWh。铅电池安全可靠，但能量密度低，循环次数（1000~2000 次）和使用寿命（3~5 年）有限，能量成本 100~250 美元 / kWh。液流电池原理安全可靠，循环次数可达近万次，且电解液可回收再利用，但能量密度偏低、占地大，转化效率较低（约 70%），能量成本 500~550 美元 / kWh。钠硫电池性能与锂离子电池接近，原材料来源广泛，但对工艺要求极高，且运行温度约 300℃，存在安全隐患，能量成本 400~450 美元 / kWh。近年来，科研机构和技术厂商不断探寻新材料、新体系的电化学电池技术，主要包括锂硫电池、钠离子电池、液态金属电池、各类金属空气电池等，力求获得储能密度大、安全性好、原材料易得和循环寿命长的新型电池。

电磁储能方面，超级电容的功率密度高（7~10kW/kg），循环次数多（10万次），但单体容量小，持续放电时间短（秒级），是典型的功率型储能技术，功率成本 7~10 美元 / kW。超导磁储能具有极高的功率密度和响应速度，但持

续放电时间也极短（秒级），对辅助设备要求严格，基本处于试验研发和示范阶段，功率成本超过 1000 美元 / kW。

热储能方面，可分为显热储热、潜热（相变）储热、化学储热等多种形式，其中显热储热技术最成熟，具有成本低、寿命长、规模易扩展等优点。熔融盐是当前高温储热的首选材料，储热密度 150kWh/m³，储热效率约 90%，能量成本 25～40 美元 / kWh。

化学储能方面，利用电能将低能物质转化为高能物质进行存储，目前常见的化学储能主要包括氢储能和合成燃料（甲烷、甲醇等）储能。其中氢储能是利用电解水制氢，将电能以氢的形式进行存储，容易实现大规模的储能，但缺点是电—氢—电全过程转换效率低（约 40%），全系统的功率成本 2000～3000 美元 / kW，能量成本 20～30 美元 / kWh。近年来，一些国家开始示范利用电制合成气（甲烷）进行储能并减少碳排放，但目前成本较高（约 1.5 美元 / m³），电—甲烷—电的转换效率低（约 25%）。

抽水蓄能仍是应用最广泛的成熟储能技术，近年来电化学储能发展的速度加快。 截至 2018 年年底，全球储能总装机规模约 180GW，其中 94% 为抽水蓄能；电化学储能（主要为锂离子电池）和熔融盐储热紧随其后，占比分别为 3.7% 和 1.5%。2018 年全球新增电化学储能装机容量 3.7GW，占全部新增储能的 67%，同比增长约 126%，近十年年均增长率超过 40%。

结合储能技术特点，开展匹配度分析，针对不同应用场景选择合适的新型储能技术。 超短时间尺度（秒级）应用场景包括提高电能质量、一次调频、平滑新能源出力、无功支撑等，对储能的响应速度、效率、循环寿命要求较高，对

功率等级、持续放电时长要求较低。**短时间尺度（小时级）**应用场景包括跟踪出力计划、二次调频、日内削峰填谷、提供系统备用等，需要频繁地转换充放电状态，对储能的功率等级、循环寿命要求较高，对响应时间要求较低。**长时间尺度（数周至月级）**应用场景包括季节性需求侧响应、调峰等，需要储能的功率和容量能够分别实现，具有存储容量大、成本随容量增长不明显、转化效率较高等特点，对响应时间、循环寿命要求较低。根据不同储能技术特点和不同应用场景需求，本报告从技术水平、安全性、经济性三个维度，建立了持续放电时间、效率、响应时间、成本等包含十项指标的综合评价模型，开展了储能技术与应用场景的匹配度分析。研究表明，超级电容、飞轮、锂离子电池等适用于超短时应用场景；短时储能适合采用抽水蓄能、压缩空气储能、电化学电池等。长期储能适合采用氢储能、洞穴式压缩空气储能等。

采用根据应用场景配置储能并累加的方法，难以准确分析系统级的储能需求。根据不同应用场景来配置储能，是一种局部的、微观的分析方法，在实际应用中，同一储能设备一般同时承担多种功能，满足多种需求，例如在风电场配置锂离子电池储能，既可以平滑出力波动，也可以为系统提供日内调峰能力。针对每种应用场景逐一计算并采用直接累加的方法，预计 2050 年全球能源互联网对储能的功率总需求将高达 8~12TW，高估全系统的储能总需求。

量化分析全系统储能的需求，应将储能作为一种调节性资源纳入电源规划进行统筹优化。本报告兼顾储能技术特点和场景需求，建立了短时和长期两种储能模型，将储能规划嵌入电源规划的混合整数优化问题中统一求解，优化结果能够量化分析特定的电力系统需要什么储能、多少储能和可接受的储能成本等重要问题。以全球能源互联网规划研究成果为基础条件，结合各类电源发电成本的变化趋势，考虑不同地区风、光资源特性和用电负荷特性，以综合度电

成本最低为目标，统筹优化分析各大洲电力系统对储能的总体需求。根据测算，2050 年的全球储能需求将达到 4.1TW，其中短时储能约 3.5TW，主要配置在调频、日内调峰、应急备用、缓解阻塞、提高电能质量等应用场景，提供功率调节能力，约占全部储能装机容量的 92%，储电量仅占 5% 左右；长期储能约 0.6TW，主要配置在季节性调峰和长期需求侧响应等场景，提供能量调节能力，功率仅占 8%，储电量约占 95%。

储能技术不断成熟，成本按照预期目标持续下降，才能保证用能成本随着新能源渗透率的提高而下降，从而推动能源系统清洁转型不断深入。在预测各类能源，特别是风、光等新能源发电成本变化趋势条件下，以系统综合用电成本不上升为目标，根据量化模型测算，2035 年前，短时储能成本需降至 200 美元 / kWh 以下，长期储能成本降至 10 美元 / kWh 以下；2050 年前，短时储能能量成本降至 120 美元 / kWh 以下，长期储能成本降至 7 美元 / kWh 以下。

为实现上述经济性目标，储能本体技术发展需要明确定位、提升性能、降低成本，制订切实可行的研发规划。储能本体技术将继续以提升转换效率、安全性、寿命等技术指标，降低设备成本为发展方向。

机械储能。抽水蓄能将向高水头、高转速、大容量方向发展，探索海水抽蓄等新型技术。2035 年前，抽水蓄能效率达到 80%，功率成本为 750~950 美元 / kW。**压缩空气储能**研发重点是改进核心器件，优化系统设计，研发新型储气技术与设备，实现设备模块化与规模化。2050 年前，系统效率达到 70%，洞穴式压缩空气储能成本降至 5~7 美元 / kWh。**飞轮储能**进一步提升系统功率密度，提高关键机械部件的性能，优化系统结构设计，提升系统安全可靠性。2050 年前，功率密度提升至 20kW/kg，实现兆瓦级高性能飞轮系统的商业化。

电化学储能。**锂离子电池方面，**研究基于全固态电解质的新型锂离子电池体系、成本更加低廉的非锂系电化学电池、复合锂负极等超高循环寿命的新型锂离子电池，实现电池的安全性、循环次数和能量密度明显提高。2050 年前，循环次数提升至 1 万~1.2 万次，成本降至 70~100 美元 / kWh，有望成为最主要的短时储能技术。**铅炭电池方面，**发挥其成本优势，成为锂离子电池大规模应用前的过渡产品或有益补充。预计 2035 年前，循环次数提升至 5000~6000 次，系统成本降至 100~150 美元 / kWh。**液流电池方面，**需要提升其转化效率并降低成本，重点研发交换膜、电极等关键部件材料，提升工艺水平、优化系统结构并研发锌基等新体系的液流电池。2050 年前，效率提升至 85%，成本低于 250 美元 / kWh。

电磁储能。**超级电容**需要开发高性能电极，研发新型电解质材料，进一步提高能量密度及经济性。2050 年前，功率密度提升至 100kW/kg，成本降低至 50 美元 / kW 以下。

化学储能。**氢储能**将成为发展重点，关键是提高制氢、用氢环节的效率，提升储氢、输氢环节的能量密度，研发高温固体氧化物电堆等关键设备及材料，研发新型储、输氢技术。2050 年前，高温固体氧化物电堆制氢成为主流，实现有机液体和金属储氢等技术实用化，高效率、低成本燃料电池获得广泛应用，电—氢—电转换效率接近 60%，成本降至 3~4 美元 / kWh，氢储能有望成为最有潜力的长期储能技术。

储能系统的集成技术、规划技术、运行控制技术以及评价与标准方面，需要围绕大规模、多场景、标准化等需求，不断提升精细化水平和安全可靠性。**集成技术方面，**重点研发电池储能系统通用化模块与系统设计方法，动力电池

梯次利用技术，不同类型储能联合系统的设计与集成技术等。**规划技术方面，**研究储能与新能源统筹规划、在电网中的广域优化布局方法，研究跨能源品种的广义储能需求评估和优化配置方法等。**运行控制技术方面，**研究储能与新能源的协调运行控制技术，储能的多时间尺度、多目标协调控制技术，电动汽车等分布式储能的聚合策略和高效协同控制技术等。**评价与标准方面，**建立包括各种储能技术，储能设备及试验，储能电站设计、施工及验收，并网及检测，运行与维护五大方面的标准体系，全方位支撑新型储能的大规模应用。

　　未来高比例清洁能源系统中，众多储能设备从配置环节、时间尺度、应用场景等不同维度共同构成一个完整的储能体系，满足系统各种调节需求。储能的配置与能源清洁转型的程度密切相关，储能体系伴随着能源系统的清洁化转型发展而不断演化。在当前新能源渗透率水平（10%左右）下，充分利用水电（包括抽水蓄能）的调节能力，开展部分火电机组灵活性改造就可以满足运行要求，大规模应用新型储能的需求并不迫切。2035年，需要在发电侧配置更多的短时储能平抑新能源的随机性和波动性，如风光储工程、光热电站、多能互补项目等；在用户侧，以电动汽车V2G为代表的虚拟短时储能将在体系中发挥越来越重要的作用。2050年前，需要更大规模的储能作为灵活性资源，全系统的储能功率将达到最大负荷的30%～40%，长期储能提供的季节性能量调节作用越来越显著，储电量将达到系统年用电量的0.5%～2%。为实现100%清洁能源系统转型，需要依托电制燃料等化学储能技术，实现多种能源系统的互联，将分散于不同系统内的存储能力进行整合和优化，实现跨能源品种的"广义储能"。

　　储能技术的大规模应用，能够有效降低清洁用电成本，推动能源清洁转型，同时促进基础科学、应用科学和工程技术发展，带动制造业整体升级。预计到2050年，清洁能源的大规模开发利用将为全球带来约4.1TW、500TWh的储

能需求，相对于不采用储能的情景，储能的大规模应用将减少风电、光伏装机容量 37.3TW，每年减少弃风、弃光 86PWh，全球平均综合度电成本降低 3 美分，为顺利实现能源清洁转型奠定坚实基础。同时，储能的市场规模达到 2.8 万亿美元，将有效促进理论物理、力学、热物理、化学、材料科学、机械工程、冶金工程、电气工程等众多学科的进步与融合发展，有力带动上下游的采矿、冶金、制造、电力、自动化、化工、交通等各行业的优化、整合和技术进步。

目 录

图目录

表目录

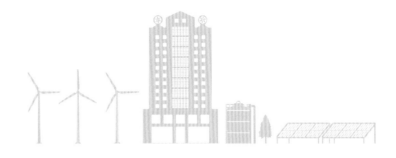

1

储能定位与演变

储能是指通过特定的介质或设备，把能量以某种形式储存起来，在需要的时间或空间再以同样的形式释放出来的循环过程，该过程往往伴随着能量的传递和形态的转化。储能广泛存在于各种能源系统之中。在第一次工业革命时期，能源系统的核心是煤炭，煤矿或集散中心的煤场就是当时主要的储能形式。进入油气时代后，大型油库、天然气管网逐渐成为能源系统重要的储能形式。随着能源系统涵盖范围的不断扩大，储能的分布也越来越广泛，不仅涉及传统的能源生产和输送领域，还包括交通、建筑等用能领域，如汽车、轮船的油箱，家家户户的煤气罐等，都成为分布式的储能。能源品种越来越丰富，根据能量载体的不同，储能形式也多种多样，传统形式包括煤场存煤、油库储油、水库蓄水等，新型储能包括电池储电、相变蓄热、储氢等。

本章阐述了储能作为能源生产与消费之间的"缓冲器"，在能源系统中的重要意义，以及随着能源转型及技术进步，储能形式的变化趋势。

1.1 调节能力来源

在能源系统中，由于存在各种不可控的因素，如用户需求的随机变化、产量的波动、设备的故障等，能源生产与消费之间总是存在着差异。因此，能源系统需要具备调节能力来消除这些差异。以传统电力系统为例，**调节能力主要来源于供应侧、需求侧、电网互联及调度交易四个方面**，如图 1.1 所示。

供应侧是系统调节能力的主要来源，通过传统火电机组灵活性改造、提高燃气机组在火电中的占比、开发水库式水电站、新建抽水蓄能电站等措施，可以有效提高机组的频率响应能力（一次调频）、机组爬坡速率（二次调频），扩大机组出力范围，为系统提供更多的调节能力。但随着能源清洁转型的深入，传统电源特别是火电将逐渐减少，能够提供的调节能力也越来越少。

图 1.1 传统系统调节能力来源

需求侧主要包括负荷的需求侧响应、精准切负荷等措施。通过建立负荷参与电网辅助服务的相关政策，开发基于人工智能及大数据分析的负荷响应策略，可以尽可能挖掘需求侧提供调节能力。受制于用电负荷对供电可靠性的要求，发展潜力有限。

电网互联利用不同区域电网之间的互联通道，实现调节能力资源在更大范围内的优化配置。在不同的区域电网之间，负荷与新能源出力特性相关性较弱，可以有效平抑系统的波动，从而降低整个系统对调节能力的需求。对于其中的某一区域电网而言，相当于利用其他电网富余的调节能力为本电网提供服务。

调度交易通过调度指令或价格信号，快速、灵活、准确地调整系统供需之间的差异，充分、有效地发挥调节能力资源的作用。包括提高风、光发电出力和用电负荷的预测精度，缩短电网运行数据采集和调度指令下发的时间间隔，采用更为灵活和公正的交易规则等措施。

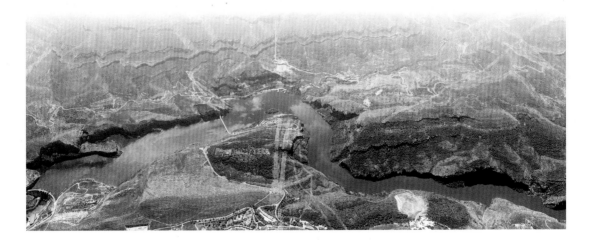

1.2 储能的定位

储能是指通过特定的介质或设备，把能量以某种形式储存起来，在需要的时间或空间再以同样的形式释放出来的循环过程，该过程往往伴随着能量的传递和形态的转化。人类常用的能量形式包括机械能、化学能、热能、核能和电能等。根据不同的能量载体，储能形式多种多样，传统的如煤场存煤、储气罐储气、水库存水等，新型的如核电站的核燃料、电池储电、相变蓄热等。

专栏 1.1　　　　　　　**能量的转化与存储**

氢，原子量1

人类能够利用的主要能量形式包括机械能、化学能、核能等。化学能通常无法直接利用，需转化为其他形式才能利用，而热能就往往来自化学燃烧，如化石燃料的燃烧等。

锂，原子量7

化学能的本质是原子最外层电子运动状态的改变，体现在氧化还原反应过程中的电子转移。一般而言，对于相似的反应，转移的电子数越多，能量变化越大。因此，单位质量的元素能够转移的电子数越多其能量密度也就越大。元素周期表中靠前的轻量元素其单位质量可转移的电子数较多。例如，氢是 1 个质量单位，可转移 1 个电子；锂是 7 个质量单位，可转移最外层的 1 个电子；碳是 12 个质量单位，可转移最外层的 4 个电子；铅是 207 个质量单位，可转移最外层的 4 个电子。因此，氢单位质量可转移的电子数最大，若设为 1，则碳为 1/3，锂为 1/7，而铅仅为 1/50。因此，氢、碳、锂等元素是极佳的能量载体，而煤、石油、天然气等以碳氢化合物为主要成分的化石能源则是自然选择的最佳储能载体。

碳，原子量12

不同能量形式的存储难度、密度各不相同。以存储 1 亿 kWh 能量为例，采用机械能形式存储，需要约 4 亿 m^3 水（100m 落差）或 2000 万 m^3 压缩空气（30～50MPa）；以电化学电池形式存储，需要 50 万 t 锂电池（200Wh/kg）；以化学能储存，则只需要 2500t 氢或 7200t 天然气。煤炭、石油、天然气等碳氢化合物兼具能量密度高和有实体、易保存的优点，是被自然选择的当前最佳储能载体。

储能的作用是在能源系统中提供调节能力，确保能源生产与消费平衡，在保证用能安全前提下，提升系统整体经济性水平，降低用能成本。在电力系统中，储能提供调节能力的形式既有直接的，如在供应侧建设储能电站，直接参与系统调节，或者用户的电动汽车（Electric Vehicle，EV）参与需求侧响应；也有间接的，如供应侧的火电机组依托煤场存煤实现发电的可调节。调节能力分为功率和能量两个方面：功率调节能力即全部机组的出力范围，确保实时电力平衡；能量调节能力即所有储能设施的总容量，确保长期的电量平衡。根据测算，传统电力系统中的功率调节能力为最大负荷的 60%～70%，能量调节能力为全年用电量的 3%～5%。

1.3 发展与演变

1.3.1 清洁化转型趋势

全球能源体系发展呈现"脱碳"趋势，化石能源向清洁能源转型正在加速。2000—2016 年世界风电、太阳能发电装机容量分别增长了 25、483 倍，将成为全球新增装机规模最大的电源品种。

清洁能源将逐步取代化石能源成为主要的一次能源，2050 年清洁能源装机占比将由 2016 年的 39% 增至 84%，发电量占比将由 2016 年的 35% 增至 80%。其中，风能、太阳能等不可调节电源（Variable Renewable Energy，VRE）的装机占比将达到 68%，发电量占比将达到 55%，占据主导。全球电力装机结构和发电量情况如图 1.2 和图 1.3 所示。

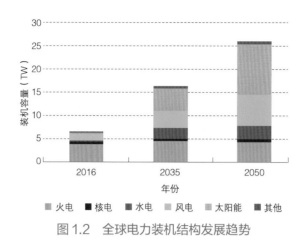

图 1.2　全球电力装机结构发展趋势

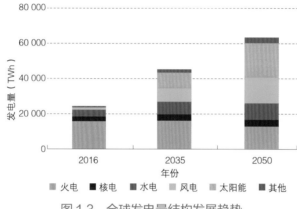

图 1.3　全球发电量结构发展趋势

风能、太阳能等电源的出力特性由自然资源条件决定，呈现明显的随机性和波动性，与具有储能能力的传统电源相比，难以为系统提供调节能力，其出力特性如图 1.4 所示。

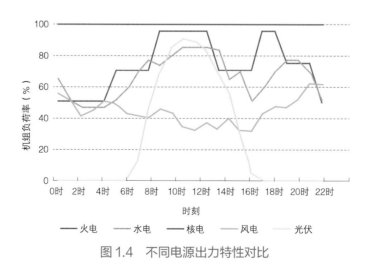

图 1.4　不同电源出力特性对比

1.3.2　储能形式的演变

在以化石能源为主体的传统能源开发利用体系中，煤炭、石油、天然气等化石能源兼具能量密度高和有实体、易保存的优点，是被自然选择的当前最佳储能载体。因此，传统电力系统的储能设施主要配置在一次能源环节，如煤场、油库、天然气储罐等。

随着能源清洁化转型的不断深入，风、光等新能源将逐渐成为未来人类社会的主要一次能源，并转化为电能的形式为人们所利用。风能和太阳能存在随机性和间歇性并且无法直接存储，随着其在能源供给中的比例不断提高，整个能源系统中储能总量不断减少，具体表现形式就是灵活性降低，调节能力不足。因此，需要在能源系统中的其他环节新增储能能力，储能的配置将从一次能源（化石能源）逐渐向二次能源（电能）甚至三次能源（氢能、热能等）转移，如图1.5所示。

随着清洁替代和电能替代的不断深入，储电（输入输出均为电能）将成为未来能源体系中重要的储能形式。下文提及的储能，如无特别说明，均指储电。

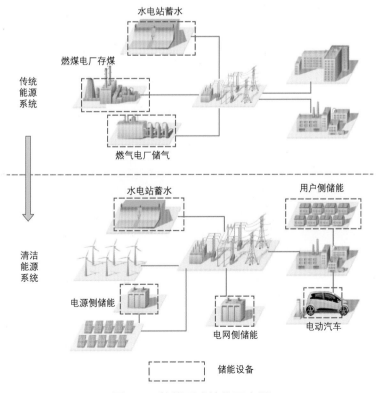

图1.5　储能形式转化示意图

1.3.3　调节能力的变化趋势

系统调节能力的变化趋势与政策的引导、电源结构变化、电网智能化水平的提高等因素密切相关。

根据全球能源互联网骨干网架规划，预计到 2050 年，全球传统可调节电源的装机比例由 2016 年的 88% 降至 32%，可提供的调节能力为最大负荷的 30%～40%；随着电价机制、交易机制逐渐完善，引导用户根据系统需要调整用电需求，预计需求侧可以提供的调节能力为最大负荷的 5%～10%；电网互联方面，跨洲跨区互联容量超过 620GW，预计提供的调节能力可达到最大负荷的 4%～8%；调度交易方面，随着调度交易规则和技术手段的完善，系统能够更及时、精准地匹配电力供需，预计调节能力为最大负荷的 2%～4%。

总体来看，随着新能源渗透率的提高，在充分开发传统电源、需求侧、电网互联和调度交易潜力后，系统的调节能力仍然无法满足平抑净负荷波动的需求，如图 1.6 所示。因此，**在高比例清洁能源系统中，为确保系统安全、经济运行，需要引入储能作为新的调节能力来源。**

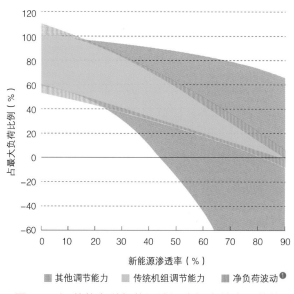

图 1.6　调节能力随新能源渗透率提高的变化趋势

---

❶ 一般把系统用电负荷减去风、光等不可调节发电电源出力之后的负荷称为净负荷。净负荷的波动反映了系统对调节能力的需求。

2 技术与应用现状

储能的技术类型众多，按照能量存储方式不同主要分为机械储能、电化学储能、电磁储能、化学储能和储热等，不同类型储能技术的原理不同，技术经济特性各异，在电力系统中的应用情况也有明显区别。本章总结了当前储能在电力系统中的应用情况，梳理了不同类型储能的技术特点和经济性水平，包括功率等级、持续放电时间、效率、响应时间、循环次数、能量/功率密度、成本及安全性等指标。

2.1　应用现状

抽水蓄能目前总量规模最大，电化学储能次之。 截至 2019 年年底，全球储能总装机规模约 184.6GW，其中 92.6% 为抽水蓄能；电化学储能和熔融盐储热紧随其后，占比分别为 5.2% 和 1.7%；飞轮储能和压缩空气储能占比较少，分别为 0.2% 和 0.2%。电化学储能总装机规模约 9.52GW，其中88.8% 为锂离子电池，钠硫电池和铅蓄电池占比分别约为 5.4% 和 4.5%，如图 2.1 所示。

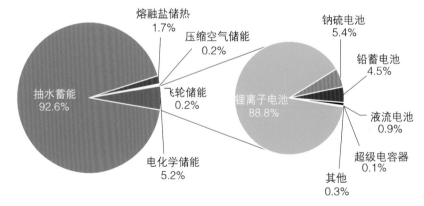

图 2.1　2019 年全球储能装机规模情况

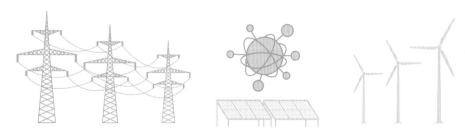

　　各类储能应用中，电化学储能增速最快。2019年全球新增储能装机容量约4.6GW，其中电化学储能的新增投运规模最大，为2.9GW，年增长率约43.7%[1]，如图2.2所示。

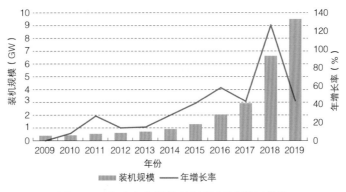

图2.2　全球电化学储能装机规模发展趋势

---

❶ 数据来源：美国能源部（DoE Energy Storage Database）、中关村储能联盟。

2.2 机械储能

机械储能是将能量以势能、动能等机械能形式进行存储的技术，主要包括抽水蓄能、压缩空气储能、飞轮储能等。

2.2.1 抽水蓄能

1. 技术简介

抽水蓄能（Pumped Hydro Storage，PHS）电站主要由上水库、下水库和输水发电系统组成，上下水库之间存在一定落差。它利用电力负荷低谷时的电能把下水库的水抽到上水库，将电能转化为水力势能进行储存；并在负荷高峰时段，从上水库放水至下水库进行发电，将势能转化为电能，为系统提供高峰电力。它通过能量转换可有效缩减系统峰谷差，将系统价值低、多余的低谷电能转换为价值高、必需的高峰电能。图 2.3 所示为抽水蓄能电站的工作原理示意图。

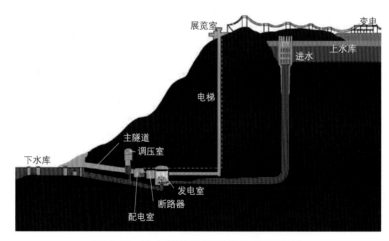

图 2.3　抽水蓄能电站工作原理示意图

2. 技术特点

技术成熟、可靠。抽水蓄能电站发展历史悠久，在世界各国得到广泛的发展应用，技术成熟、可靠。

使用寿命长。抽水蓄能电站蓄水坝体使用寿命可达 100 年，机械及电气设备一般使用寿命在 50 年以上，到期后更换新设备可以继续使用。循环次数仅受相关设备机械性能的限制，可达上万次。

能量转换效率较高。受水轮机（水泵）设备损耗、外部输电线路损耗及水库蒸发等因素的影响，其能量转换效率为 70%～80%。

装机容量大，持续放电时间较长。抽水蓄能电站适合大容量开发，装机容量可以达到 1GW 以上，持续放电时间一般为 6～12h。截至 2018 年年底，世界最大的抽水蓄能电站为中国的丰宁蓄能电站，完全建成后总装机容量达到 3.6GW。

对选址要求较高，建设周期较长。电站选址对地质、地形条件及水环境有较高要求，可用的站址资源有限。电站施工工程量大，建设周期一般长达 3~5 年。

3. 经济性水平

抽水蓄能电站总投资中，施工费用、机电设备费用、辅助材料费用、环保费用等枢纽工程建设费用通常占到 2/3 以上。目前，抽水蓄能电站建设成本为 700～900 美元／kW，随着大型机组关键技术的成熟，设备成本仍有 10% 左右的下降空间，但受站址资源不断减少、环境保护限制和移民安置成本不断提高的影响，未来抽水蓄能电站的总体建设成本很难下降。在具备一定地质、地理条件的情况下，利用已有水电站联合开发抽水蓄能电站，可以节省枢纽工程中的水库建设、移民安置、水土保持和环境保护工程等投资，相对单独选址新建抽水蓄能电站，一般具有较好的经济性。

4. 技术应用

抽水蓄能是目前最为成熟的大规模储能技术，其装机规模远大于其他所有储能设备，主要用于电力系统调峰、调频、紧急事故备用、黑启动和为系统提供备用容量等场景。

专栏 2.1   **抽水蓄能电站典型工程**

世界十大抽水蓄能电站见表 2.1。

表 2.1   世界十大抽水蓄能电站

电站名称	国别	容量（MW）
丰宁	中国	3600
巴斯康蒂	美国	3003
德涅斯特	乌克兰	2947
神流川	日本	2820
惠州	中国	2448
广州	中国	2400
洪屏	中国	2400
阳江	中国	2400
梅州	中国	2400
长龙山	中国	2100

● 丰宁抽水蓄能电站

丰宁抽水蓄能电站是世界上最大的抽水蓄能电站，位于中国河北省丰宁满族自治县境内，总装机容量 3.6GW，电站上水库库容 5800 万 m^3，下水库库容 6070 万 m^3。工程于 2013 年开工建设，是 2022 年北京冬奥会绿色能源配套服务的重点项目，将为新能源消纳和奥运赛事提供灵活调节资源和电力保障。

● 洪屏抽水蓄能电站

江西洪屏抽水蓄能电站位于中国江西省靖安县境内，装机容量为 2.4GW，上下水库落差 528m，如图 2.4 所示。工程于 2011 年年底开工，2016 年一期 1.2GW 机组建成发电，进一步增强了电网调峰调频能力，提高了电网安全稳定水平和供电可靠性。

图 2.4　洪屏抽水蓄能电站

抽水蓄能电站投资规模较大，其开发程度与国家经济水平息息相关。日本在抽水蓄能机组容量、水头等方面处于世界领先水平，葛野川电站水头 700m，神流川电站单机容量 470MW。截至 2018 年年底，全球抽水蓄能装机容量约 171GW，其中中国约 30GW，是世界上抽水蓄能装机规模最大的国家，预计到 2025 年，中国抽水蓄能电站装机容量将达到 90GW，约占同期全国总装机容量的 4%。

2.2.2　压缩空气储能

1. 技术简介

自 1949 年提出压缩空气储能技术以来，围绕提高效率和储能密度，先后发展出传统压缩空气储能、先进绝热压缩空气储能、深冷液化和超临界空气储能等技术类型。

　　传统压缩空气储能（Compressed Air Energy Storage，CAES）是基于燃气轮机技术发展起来的一种储能技术。在用电低谷，将空气压缩并存于储气室中，使电能转化为空气的内能存储起来；在用电高峰，高压空气从储气室释放，驱动透平发电，工作原理示意图如图 2.5 所示。传统压缩空气储能系统存在三个主要缺点，一是压缩空气能量密度较低，需要依赖大型地下洞穴作为储气室，如岩石洞穴、盐洞、废弃矿井等，选址受到限制；二是在压缩空气的过程中产生的热能没有回收利用，造成系统转化效率较低；三是透平发电机的工作温度要求高，在释能过程中需要依赖天然气等化石燃料作为热源，增加了碳的排放。

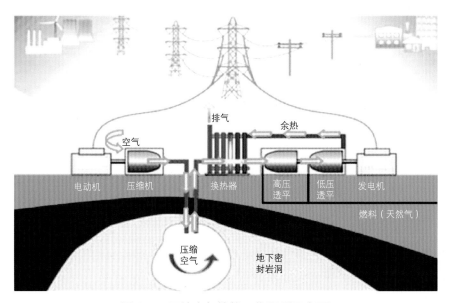

图 2.5　压缩空气储能工作原理示意图

　　先进绝热压缩空气储能（Advanced Adiabatic Compressed Air Energy Storage，AA-CAES）针对传统压缩空气储能的缺点进行改进。在压缩空气的过程中，通过绝热压缩回收产生的热能并存储，解耦空气的压力势能和压缩热能；在释放空气的过程中，再通过绝热膨胀利用存储的热能取代燃料补燃，实现空气压力势能和压缩热能的耦合发电，从而提高系统转化效率并摆脱对化石能源的依赖。由于压缩过程的热能可以得到回收利用，有利于进一步增加压缩空气的压力，从而减少对储气空间的需求，可以利用高压储罐代替地下洞穴作为储气容器，降低对选址的要求。

深冷液化和超临界压缩空气储能（Cryogenic Liquefied Air Energy Storage，LAES；Supercritical Compressed Air Energy Storage，SCAES）在先进绝热压缩空气储能的基础上，将空气液化或压缩至超临界状态进行存储，进一步提高能量密度，减少系统对储气空间的需求，摆脱选址的约束，未来有望实现大型化应用。

专栏 2.2　　压缩空气储能电站典型工程

世界典型压缩空气储能电站见表2.2。

表 2.2　世界典型压缩空气储能电站

电站名称	国别	功率等级（MW）	储气装置
Huntorf	德国	290	洞穴
McIntosh	美国	110	洞穴
上砂川町	日本	2	洞穴
Highview	英国	0.35	储罐
SustainX	美国	1.5	储罐
河北廊坊	中国	1.5	储罐
安徽芜湖	中国	0.5	储罐
江苏金坛	中国	60	盐穴

● 美国 McIntosh 压缩空气储能电站

美国亚拉巴马州的 McIntosh 电站，于 1991 年建成投运，利用地下洞穴进行储气，容积为 50 万 m^3，发电机输出功率为 110MW，可连续发电 26h，效率约 50%，至今已运行 1.5 万余次。

● 江苏金坛压缩空气储能电站

江苏金坛盐穴式压缩空气储能示范项目，如图 2.6 所示，总容量 60MW/300MWh，系统设计效率 58.2%，2018 年年底开工建设，预计 2020 年建成投运，将用于电网调峰、调频、调相，也可为电网提供备用电源、黑启动等。

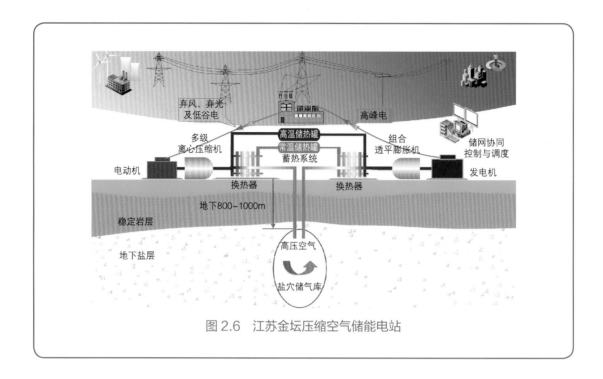

图 2.6　江苏金坛压缩空气储能电站

2. 技术特点

循环次数多，使用寿命长。压缩空气储能使用寿命和循环次数与空气压缩机和汽轮机的机械性能相关，一般使用寿命在 30 年以上，全寿命周期可以循环上万次。

响应速度慢，转换效率低。压缩空气储能充放电需要设备压缩或者释放空气推动汽轮机发电，其响应时间受到空气压缩或释放时间的限制，一般需要数秒。受压缩机、膨胀机、发电机等关键设备效率及系统集成效率的限制，系统能量转换效率不高，大型压缩空气储能技术能量转换效率为 50%~60%。

利用洞穴储气对选址要求高，利用储罐储气功率规模较小。利用洞穴储气的压缩空气储能功率等级可达百兆瓦级，但依赖于较大体积的海底或地底洞穴。采用储罐储气的压缩空气储能，对地理位置和空间体积要求相对较低，但目前功率等级较小，仅为兆瓦级。

3. 经济性水平

目前，洞穴式压缩空气储能系统的功率成本为 900~1500 美元 / kW。未来，如果系统可以大规模应用，空气压缩机和透平机实现标准化量产，其功率成本有望降至 750 美元 / kW 左右。

储罐式压缩空气储能系统的功率成本为 1800~2400 美元 / kW，其中储气罐的成本约占 50%。规模化应用后，空气压缩机、透平机和罐体成本均有一定的下降空间，有望降至 1350~2000 美元 / kW。

4. 技术应用

目前，德国和美国已经有两座商业化运行的传统压缩空气储能电站，先进绝热压缩空气储能处于工程示范阶段，深冷液化和超临界压缩空气储能还处于试验阶段。已建成的压缩空气储能电站主要用于电力系统调峰、调频和提供旋转备用等场景。

2.2.3 飞轮储能

1. 技术简介

飞轮储能的基本原理是把电能转换为旋转体的动能进行存储。充电时，电动机拖动飞轮，使飞轮加速到一定转速，将电能转换为动能；放电时，飞轮减速，电机作为发电机运行，将动能转化为电能。飞轮储能内部结构示意图如图 2.7 所示。

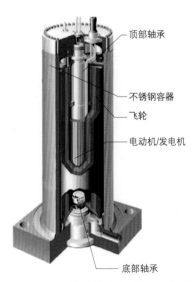

顶部轴承

不锈钢容器

飞轮

电动机/发电机

底部轴承

图 2.7 飞轮储能内部结构示意图

2. 技术特点

飞轮储能功率密度大，约为 5kW/kg，短时间内可输出较大功率，但持续放电时间短（分钟级），是典型的功率型储能技术，适用于提高电能质量、调频等应用场景。飞轮储能能量转换效率高，可达 90% 以上；循环次数可达百万次以上，使用寿命可达25年左右；但空载损耗和自放电率较高，不适合长时间储能。

3. 经济性水平

以目前较为成熟的 200kW/2kWh 产品为例，飞轮储能的功率成本为 250～300 美元 / kW，主要由电机轴系、电力控制器、辅助系统构成，占比分别约为 45%、40%、15%。

4. 技术应用

美国、德国、加拿大等国家对飞轮储能技术和应用的研究较为活跃，已有多项工程投入商业应用，例如美国 2012 年在纽约 Stephen 镇投运的 20MW 飞轮储能，主要用于为电力系统提供调频辅助服务。中国起步相对较晚，目前有多所高校、科研院所和设备厂家开展相关研究，还处于小规模的试验示范阶段。

2.2.4 前沿技术

除以上常见机械储能外，研究机构和企业也在探索其他技术路线，主要包括各类重力储能（Gravity Energy Storage，GES），其原理与抽水蓄能类似，在电力富余时利用电动机将重物（如沙子或砂砾）从低海拔的物料站提升至高海拔的物料站，电能转化为物料的重力势能；在电力不足时，控制物料反向运输，利用其自身重力带动发电机发电，重力势能转化为电能，满足电力需求，实现电能与机械能相互转化。

这类重力储能的主要优点是可以采用较为成熟的起重机及制动能量回收技术，物料易存储，可实现长期存放，站址资源比较丰富。

专栏 2.3　　　　　山地重力储能

　　国际应用系统分析学会（International Institute for Applied Systems Analysis，IIASA）根据重力储能理念，设计了山地重力储能（Mountain Gravity Energy Storage，MGES）原型，如图 2.8 所示，利用山地地区的海拔差实现以砂砾升降进行储能，其原型电站（50kWh 容量）已建成运转，未来有望实现商业推广。

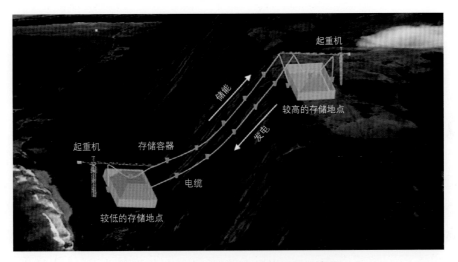

图 2.8　IIASA 山地重力储能项目示意图

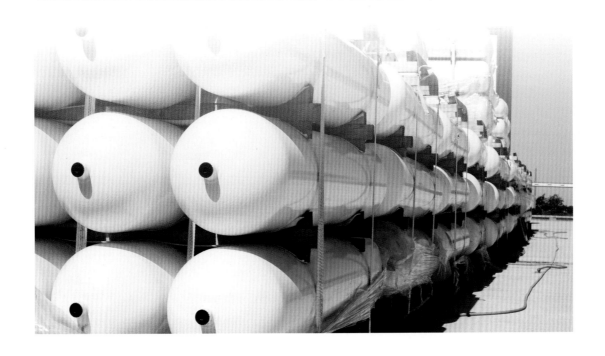

2.3 电化学储能

电化学储能利用电池实现电能与化学能的相互转化，其主要原理是利用可逆的氧化还原反应，离子在电池内发生转移从而带来电荷流动，最终实现电能的储存和释放。电化学电池主要由电极、电解质以及隔膜构成，不同类型电池的电极、电解液以及隔膜材料存在差异，主要电池类型包括锂离子电池、铅蓄电池、液流电池和钠硫电池等。

2.3.1 锂离子电池

1. 技术简介

锂离子电池由正极、负极、隔膜和电解液组成，其材料种类丰富多样。目前常见的正极材料有磷酸铁锂、钴酸锂、锰酸锂以及镍钴锰酸锂（三元材料）等，常见的负极材料有石墨、硬（软）碳和钛酸锂等。锂离子电池工作原理示意图如图 2.9 所示，充电时锂离子从正极脱出，通过电解质和隔膜向负极迁移，并在负极嵌入负极材料；放电时整个过程相反。以上几种不同正极材料的锂离子电池相比而言，磷酸铁锂电池寿命较长、安全性较好，但能量密度相对较低，适用于对体积不敏感的大型动力电池及储能；三元锂电池的功率密度和能量密度较高，适用于中小型动力电池及数码产品。

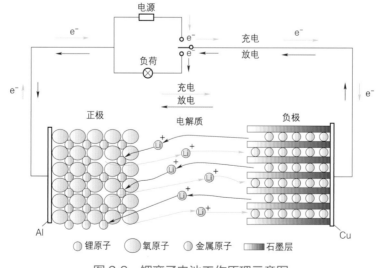

图 2.9　锂离子电池工作原理示意图

2. 技术特点

适用度高，技术进步快，发展潜力大。锂离子电池综合性能较好，能够满足多样化的场景需求。可选择的材料体系多样，且从事相关科研、产业和应用的人员较多，技术进步较快。随着技术经济性的提高，将更加广泛应用于各种场景。

转换效率高，能量密度大。锂离子电池能量转换效率为 90%～95%，能量密度可达约 200Wh/kg。

使用寿命和循环次数有待进一步提高。目前锂离子电池的使用寿命一般在 8～10 年，低于电力系统中其他设备的平均寿命周期，正常工况下循环次数为 4000～5000 次。

存在消防安全隐患。电池是高密度能量载体，在充放电过程中会产生热量，当热量产生和累积速度大于散热速度时，电池内部温度就会持续升高，到达一定程度时会引起电解液和隔膜等可燃材料发生剧烈的化学反应，造成燃烧或爆炸。这一现象称为热失控，是引发电池安全事故的直接原因。

3. 经济性水平

目前，锂离子电池储能系统工程建设成本为 300～400 美元／kWh，储能系统本体占 80%～85%。电池储能系统本体主要由电池单元、系统组件、管理系统等构成，其中电池单元约占 50%，系统组件约占 20%，管理系统约占 15%，其他设备约占 15%。在电池单元成本构成中，正极材料约占 40%，负极材料约占 15%，电解液约占 20%，隔膜约占 10%，生产成本约占 15%，成本构成如图 2.10 所示。总体来看，材料成本通常占电池系统本体的 50% 以上。

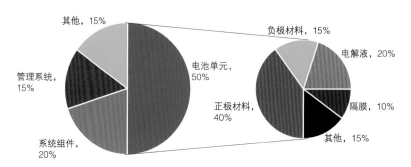

图 2.10　锂离子电池储能系统本体的成本构成

　　　　锂离子电站典型工程

世界典型锂离子电池储能电站见表 2.3。

表 2.3　世界典型锂离子电池储能电站

电站名称	国别	容量（MWh）	功率等级（MW）	类型
澳大利亚南部	澳大利亚	129	100	三元锂
国家风光储输一期示范	中国	63	14	磷酸铁锂、钛酸锂
江苏镇江	中国	202	101	磷酸铁锂
河南电网储能	中国	125	100	磷酸铁锂
湖南长沙	中国	240	120	磷酸铁锂
青海鲁能海西州	中国	100	50	磷酸铁锂
青海格尔木时代	中国	18	15	磷酸铁锂
广东华润海丰	中国	15	30	磷酸铁锂

● 江苏镇江储能电站

江苏镇江储能电站示范工程采用"分散式布置、集中式控制"方式新建 8 个储能电站，采用磷酸铁锂电池，总容量为 101MW/202MWh，2018 年 7 月并网投运，8 个电网侧储能电站由江苏省调度统一调控，为电网运行提供调峰、调频、备用、黑启动、需求响应等多种服务，促进电网削峰填谷，缓解夏季电网供电压力。

- 青海鲁能海西州多能互补示范工程储能电站

青海鲁能海西州多能互补示范工程储能电站是中国最大的电源侧集中式电化学储能电站，采用磷酸铁锂电池，总容量为50MW/100MWh，2018年12月并网投运。该电站用于平滑海西州新能源发电出力波动、跟踪新能源计划出力和提高新能源送出。在海西州形成风、光、热、储多种能源优化组合，有效促进新能源消纳。

4. 技术应用

锂离子电池已经在通信电子行业和电动汽车行业广泛应用。近年来，随着制造技术的持续完善和成本不断降低，许多国家已经将锂离子电池用于储能系统，其研究也从电池本体及小容量电池储能系统逐步发展到大规模电池储能电站的建设应用。截至2018年年底，全球已建成锂离子电池储能系统约5.78GW，主要用于平滑新能源出力波动、跟踪新能源计划出力，为电力系统提供调峰、调频、调压、需求响应（Demand Response，DR）及备用等多种服务。

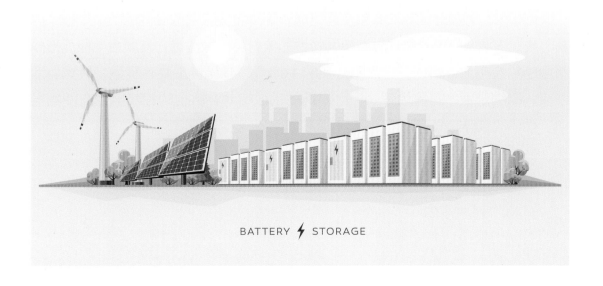

BATTERY ⚡ STORAGE

2.3.2 铅蓄电池

1. 技术简介

铅蓄电池发明至今已超过一百年，是目前技术最为成熟的二次电池。传统铅蓄电池以二氧化铅作为正极活性物质，高比表面多孔结构的金属铅作为负极活性物质，以硫酸溶液作为电解液，也称为铅酸电池，其工作原理示意图如图 2.11 所示。它具有安全可靠、价格低廉、技术成熟、再生利用率高、性能可靠、适应性强并可制成密封免维护结构等优点，但由于能量密度低、使用寿命短、易造成环境重金属污染等缺点，制约了其在电力系统中的应用。

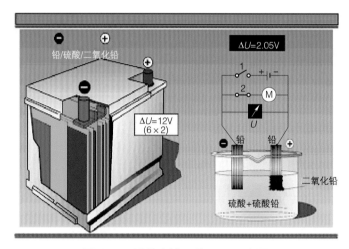

图 2.11　铅蓄电池工作原理示意图

近年来，为提升循环次数和使用寿命，许多企业在铅酸电池的负极中以"内并"或"内混"的形式引入具有电容特性的碳材料，构成铅—炭复合电极而形成新型的铅炭电池。目前，铅炭电池负极中加入的炭材料主要有石墨、炭黑、活性炭、碳纳米管、石墨烯等。相比传统的铅酸电池，新型的铅炭电池在使用寿命、循环次数等方面有明显提升。

2. 技术特点

铅酸电池技术成熟、安全性好，但寿命偏短。铅酸电池结构简单，应用已有百年，其原材料来源丰富且可以回收利用，但其使用寿命短（2~3年）、循环次数少（约1000次）、能量密度低（30~50Wh/kg），限制了其应用前景。

铅炭电池在使用寿命和循环次数方面比铅酸电池有明显提升，但仍然与其他电化学电池存在差距。铅炭电池兼具传统铅酸电池与超级电容器的特点，相比铅酸电池，各项技术性能明显改善，使用寿命提升至4~5年，循环次数达到2000~3000次，但相比其他技术路线的电化学电池仍有明显差距。

3. 经济性水平

铅酸电池技术成熟且材料来源广泛，相对其他电化学电池具有明显的成本优势，储能系统建设成本为100~150美元 / kWh。铅炭电池工艺相对复杂，成本易受活性炭等原材料价格波动影响，储能系统建设成本为200~250美元 / kWh。

专栏 2.5　　　　　　　**铅炭电池电站典型工程**

世界典型铅炭电池储能电站见表 2.4。

表 2.4　世界典型铅炭电池储能电站

电站名称	国别	容量（MWh）	功率等级（MW）
新墨西哥州	美国	1	0.25
西藏羊易	中国	19.2	4.5
万山海岛	中国	8.4	2.5
无锡新加坡工业园	中国	4	2

● 无锡新加坡工业园储能电站

无锡新加坡工业园储能电站采用铅炭电池，总容量为 2MW/4MWh，于 2018 年 1 月并网投运。该储能电站在电力处于"谷荷"和"平荷"时段充电，在电力处于"峰荷"时段给工业园区内的企业负载供电，从而实现利用峰谷电价差为园区节省电量电费，减少园区高峰用负荷对线路扩容的需求，参与电力需求侧响应等功能。

4. 技术应用

铅炭电池能量密度较低，主要适用于对储能系统体积、重量要求不高的场合；大电流充放电特性较差，不大适用于大功率、频繁快速充放电的应用场景（如调频等）。但铅炭电池在安全性、经济性（回收效率高达 95% 以上）方面具有优势，在削峰填谷、需求侧管理（Demand Side Management，DSM）和智能微网等场景下已经实现了商业化应用。

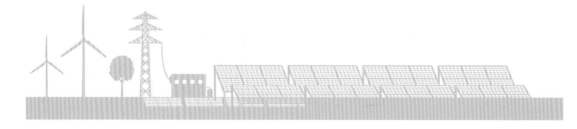

2.3.3 液流电池

1. 技术简介

液流电池通过正负极电解液中活性物质在电化学反应过程中的价态变化，实现电能与化学能的相互转换，达到储能的目的。液流电池主要由正、负两极的电解液罐、泵以及电堆构成，其工作原理示意图如图 2.12 所示。电堆是液流电池的核心，包括端片（绝缘框架）、集流体（主要为铜）、碳塑复合双极板、碳/石墨毡电极及离子交换膜。在充放电过程中电解液流过电极表面发生电化学反应得失电子，电池内部通过溶液中的 H^+ 在离子交换膜两侧迁移来实现电荷平衡。

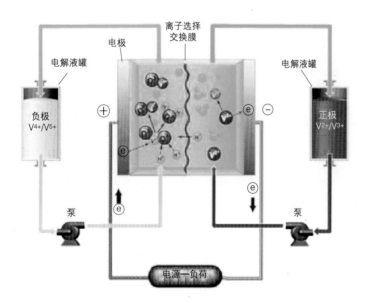

图 2.12　液流电池工作原理示意图

根据正负极中的活性物质不同，液流电池可以分为锌—溴、全钒等不同的技术路线，其中，全钒液流电池（Vanadium Flow Battery，VFB）的正、负极电解液分别含有 V^{2+}、V^{3+} 和 V^{4+}、V^{5+} 离子的水溶液，可避免不同活性物质通过离子交换膜扩散造成的元素交叉污染。电解液的使用寿命是半永久性的（可循环使用），没有固体产物沉积，相对其他技术路线具有一定优势，目前已初步实现商业化。

2. 技术特点

循环次数多，使用寿命长。全钒液流电池的使用寿命主要受限于电堆，一般为 15~20 年，充放电循环次数可达 1 万次以上。在充放电过程中，作为活性物质的钒离子仅在电解液中发生价态变化，不与电极材料发生反应，不会产生其他物质，经长时间使用后，仍然保持较好的活性。在电池寿命到期后，钒电解质溶液可以回收再次利用。电解质溶液的成本占储能系统总成本的 50% 以上，储能系统报废后，残值高。

安全性好，不会着火和爆炸。电解质溶液为钒的水溶液，不易燃。液流电池的原理也决定了其不会产生热失控。

功率和容量相互独立，扩展性好。全钒液流电池的功率由电堆的规格和数量决定，容量由电解液的浓度和体积决定。因此，可通过增大电堆功率和增加电堆数量来提高功率，通过增加电解液来提高储电量，便于实现电池规模的扩展。

转换效率偏低，能量密度小。全钒液流电池在运行过程中对环境温度要求较高，同时还需要用泵维持电解液的流动，因此其损耗较大，能量转化效率与抽水蓄能相近，为 70%~75%。受钒离子溶解度和电堆设计的限制，与其他电池相比，全钒液流电池能量密度较低，仅为 15~20Wh/kg。

3. 经济性水平

目前，全钒液流电池工程建设成本为 500~550 美元 / kWh，其成本构成如图 2.13 所示。电解液成本约占总成本的 50%，占比较高，且易受上游钒价格波动的影响；电堆成本约占 35%，其中约一半来源于离子交换膜。

4. 技术应用

由于能量密度低，电池系统占地面积较大，全钒液流电池适合建设在对占地要求不高的新能源发电场站周边，提高新能源发电的可调节性，参与系统调峰、调频。目前，全钒液流电池已在全球进行工程示范应用。

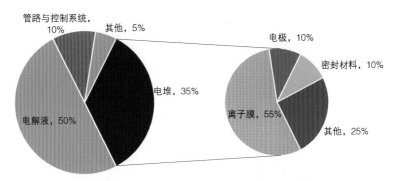

图2.13　全钒液流电池系统成本构成

专栏 2.6　　　　　**液流电池电站典型工程**

世界典型液流电池储能电站见表2.5。

表2.5　世界典型液流电池储能电站

电站名称	国别	容量（MWh）	功率等级（MW）	类型
苫前町	日本	6	4	全钒液流
能源固化风电场	美国	75	25	全钒液流
横滨	日本	5	1	全钒液流
国家风光储输一期示范	中国	4	2	全钒液流
卧牛石风场	中国	10	5	全钒液流
大连	中国	400	100	全钒液流

● 大连液流电池储能电站

大连液流电池储能电站，总容量为100MW/400MWh，于2016年4月启动，采用具有自主知识产权的全钒液流电池储能技术。该项目建成后将成为全球规模最大的全钒液流电池储能电站，可提高电网的调峰能力，改善电源结构，提高电网经济性。

2.3.4 钠硫电池

1. 技术简介

钠硫电池是一种以金属钠为负极，硫为正极，β-氧化铝管为固体电解质和隔膜的高温熔融电池。在300℃高温下，钠离子透过电解质和隔膜与硫发生可逆反应，实现能量的释放与储存。放电时，钠在陶瓷管界面氧化成钠离子，迁移并通过该陶瓷电解质与硫发生反应形成多硫化钠；充电时，多硫化钠分解，钠离子迁移回负极室形成金属钠，硫氧化成单质保留在正极室，其工作原理示意图如图2.14所示。

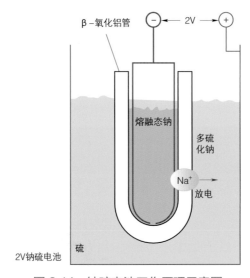

图2.14　钠硫电池工作原理示意图

2. 技术特点

钠硫电池能量密度约为锂离子电池的一半，使用寿命与锂离子电池相当，为8～10年；系统规模可根据需求通过钠硫电池模块的组合达到兆瓦级；原材料钠和硫容易获得且几乎可以全部回收；对电池特别是陶瓷管的制作工艺要求极高；运行温度约300℃，钠和硫均是液态，存在一定的消防隐患。

3. 经济性水平

钠硫电池工程建设成本为400～450美元/kWh，本体成本为300～350美元/kWh，略高于锂离子电池，其中陶瓷管的制造成本约占电池总成本的40%。

专栏 2.7　　钠硫电池电站典型工程

世界典型钠硫电池储能电站见表 2.6。

表 2.6　世界典型钠硫电池储能电站

电站名称	国别	容量（MWh）	功率等级（MW）
福岛六所村风电场项目	日本	224	34
三菱电机项目	日本	300	50
PG&E 项目	美国	42	6
上海世博会示范项目	中国	0.8	0.1

● 福岛六所村风电场储能电站

福岛六所村风电场储能电站，如图 2.15 所示，总容量为 34MW/224MWh，于 2008 年 8 月并网投运，该储能电站主要用于风电场并网。

图 2.15　福岛六所村风电场储能电站

4. 技术应用

钠硫电池主要应用于电网削峰填谷、大规模新能源并网、改善电能质量等领域。国内外关于钠硫电池技术研究的代表机构是日本的 NGK 公司，也是世界上唯一实现钠硫电池商业化的厂商。在 2000 年，NGK 公司开始将 400kW/800kWh 钠硫电池系统与 500kW 风电机组集成，并开展了并网示范。

2.3.5 前沿技术

当前，许多科研机构和技术厂商还在不断探寻新材料、新体系、新工艺的新型电化学电池技术。除上述几类相对成熟的技术之外，近几年涌现出诸如钠离子电池、锂硫电池、金属空气电池等新型电池。

金属空气电池由金属负极与具备开放结构的活性空气正极材料构成，最突出的优点是高能量密度，如图 2.16 所示，可选用的原材料比较丰富。目前已经取得研究进展的金属空气电池主要有铝空气电池、镁空气电池、锌空气电池、锂空气电池等。

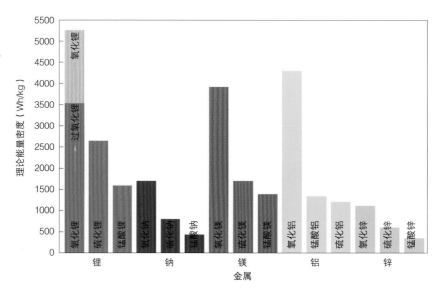

图 2.16　不同金属空气电池理论能量密度

专栏 2.8　　　　　　　　　　　**锂空气电池**

　　锂空气电池以单质锂作为负极，多孔导电材料作为正极，以空气中的氧气作为正极反应物质，如图 2.17 所示，其放电过程为负极的锂金属释放电子后成为锂离子，锂离子穿过电解质材料，在正极与氧气以及从外电路流过来的电子结合，生成氧化锂或者过氧化锂，并留在正极。充电时进行相反的反应。

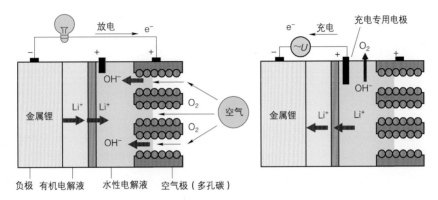

图 2.17　锂空气电池工作原理示意图

　　锂空气电池理论能量密度高达 5200Wh/kg，有广阔的应用场景。目前，锂空气电池还处于理论研究阶段，仍存在诸多难点需要攻克，如电池是敞开体系，会引起电解液挥发、氧化和副反应等问题；正极的氧析出过程需要高效、低廉、寿命长的催化剂；正极放电产物的附着、负极产生锂枝晶等问题。锂空气电池作为储能电池研究还需要开展大量深入的研究。

2.4 电磁储能

电磁储能将能量直接以电能的形式储存在电场或磁场中，没有能量形式的转化，效率高，持续放电时间短且难以提高，是典型的功率型储能技术。

2.4.1 超级电容器

1. 技术简介

超级电容器分为双电层电容器和法拉第电容器两大类。双电层电容器通过炭电极与电解液的固液相界面上的电荷分离而产生双电层电容，如图 2.18 所示，在充放电过程中发生的是电极 / 电解液界面的电荷吸脱附过程，属于物理过程。法拉第电容器采用金属氧化物或导电聚合物作为电极，在电极表面及体相浅层发生氧化还原反应而产生吸附电容。法拉第电容器的产生机理与电池反应相似，在相同电极面积的情况下，它的电容量是双电层电容的数倍，但瞬间大电流放电的功率特性及循环寿命不如双电层电容器。

2. 技术特点

超级电容器单体功率密度高，可达 5kW/kg 以上，约为锂离子电池功率密度的 20 倍以上；但能量密度低，仅为 10～15Wh/kg；充放电循环次数多，可达数十万次。超级电容器的单体容量小，在电力系统中的应用需要经串、并联构成模组才能满足电压和容量需求。

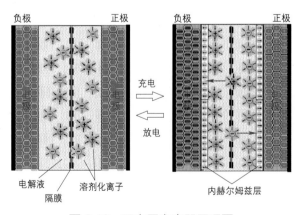

图 2.18　双电层电容器原理图

3. 经济性水平

超级电容器系统功率成本为 100~150 美元 / kW，单体功率成本占系统功率成本的 80%~85%，单体功率成本构成如图 2.19 所示，其中碳材占比约42%，箔材占比约 16%，零部件占比约 15%，电解液和隔膜各占约 10%，辅材占比约 7%。碳材是提高超级电容器性能、降低成本的关键。

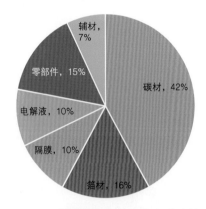

图 2.19　超级电容器单体功率成本构成

4. 技术应用

由于超级电容器具有高功率、低能量的特点，目前主要应用在电动汽车、消费类电子电源、军工领域等高峰值功率、低容量的场合，电力系统中主要用于提高电能质量、平抑电压和功率波动等。

美国、日本、俄罗斯等国家在超级电容器的研发和应用方面起步较早，在电力系统中也有示范性的应用，例如 2005 年美国加利福尼亚州建造了 1 台450kW 的超级电容器，用于抑制风电的功率波动。中国近些年在超级电容器的制造和应用领域取得了突飞猛进的进展，目前在全球处于领先地位。超级电容器在风力发电的变桨、有轨电车、轨道交通和汽车启停等领域都取得了广泛应用。

2.4.2 超导磁储能

1. 技术简介

超导磁储能（Superconducting Magnetic Energy Storage，SMES）利用超导线圈通过变流器将电能以磁场的形式储存，需要时再通过变流器反馈给电网或其他装置。其原理为将一个超导体圆环置于磁场中，降温至圆环材料的临界温度以下，由于电磁感应，圆环中便有感应电流产生，只要温度保持在临界温度以下，电流便会持续下去。超导磁储能装置示意图如图 2.20 所示。

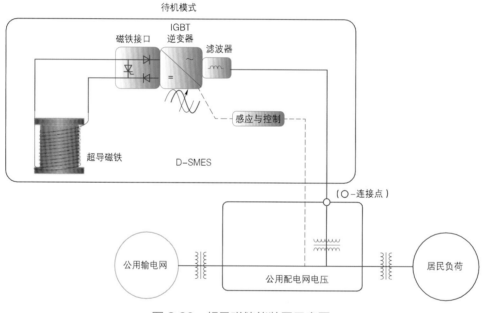

图 2.20　超导磁储能装置示意图

2. 技术特点

超导磁储能功率密度高，约 5kW/kg；响应速度快；转换效率高，大于 95%；但持续放电时间仅能维持数秒且对环境温度要求严格，主要用于解决电网瞬间断电和电压暂降等电能质量问题对用电设备的影响。

3. 技术应用和经济性水平

目前，超导磁储能整体技术处于起步阶段，超导材料和器件等关键技术有待突破，离实用化还有较大差距，成本目前较高，功率成本大于 1000 美元 / kW。

2.5　化学储能

1．技术简介

　　化学储能利用电能将低能物质转化为高能物质进行存储，从而实现储能。目前，常见的化学储能主要包括氢储能和合成燃料（甲烷、甲醇等）储能。这些储能载体本身是可以直接利用的燃料，因此，化学储能与前述其他电储能技术（输入、输出均为电能）存在明显区别：如果终端可以直接利用氢、甲烷等物质，如氢燃料电池汽车、热电联供、化工生产等，这些储能载体不必再转化为电力系统的电能，可以提高整体用能效率，相当于从存储"二次能源"变成存储"三次能源"。因此，化学储能往往是能源形式转化过程中的重要环节。

　　目前，在化学储能技术中，氢储能相对成熟，依托电解水制氢设备和氢燃料电池（或掺氢燃气轮机）实现电能和氢能的相互转化。储能时，利用富余电能电解水制氢并存储，释能时，用氢燃料电池或氢发电机发电，如图 2.21 所示。

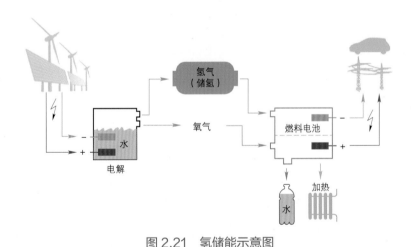

图 2.21　氢储能示意图

2．技术特点

　　氢或其他合成燃料是具有实体的物质，相对于直接储电，存储更容易实现。例如，氢的单位质量热值高达 1.4×10^8 J/kg，储氢能量密度高，能够实现大规模储能。化学储能的缺点是电—电转换效率低，储运设备成本高，并且氢、甲烷等燃料属于易燃易爆品，存储过程存在一定的安全隐患。化学储能涉及制取、储存、发电三个环节，以氢储能为例，主要包括电制氢、氢储运和氢发电。

电制氢技术包括碱性电解槽、质子交换膜电解槽以及固体氧化物电解槽三种。**碱性电解槽**利用在水中加入的碱性电解质增加水的导电性，提高电解效率。其结构简单、技术成熟、价格便宜，是目前主流的电解水制氢方法，缺点是效率较低，电解槽效率约为75%[1]，系统效率为60%~70%，同时受限于隔膜机械强度，功率灵活调节速度有限。**质子交换膜**（Proton Exchange Membrance，PEM）技术利用质子交换膜代替了原有的隔膜和电解质，由于质子交换膜薄且质子迁移速度快，能够明显减小电解槽的体积和电阻，使电解槽效率达到80%左右。由于目前质子交换膜价格较高，且被水浸润时酸性较强，电极只能采用耐酸的铂等贵金属，因此质子交换膜电解制氢成本相对昂贵。**固体氧化物电解槽**（Solid Oxide Electrolyzer，SOEC）技术利用固体氧化物作为电解质，在高温（600~1000℃）环境下，让水蒸气通过多孔的阴极，氢离子获得电子后成为氢气，氧离子通过固体氧化物在阳极失去电子成为氧气。由于高温环境下离子活性增强，因此其电解效率最高，可以达到90%。该方法还处于试验研究阶段。

储氢技术主要包括高压气态储氢、低温液态储氢、有机液体储氢和金属氢化物储氢等。**高压气态储氢**是目前最常用、最成熟的储氢技术，其储存方式是将工业氢气压缩到耐高压容器中，具有结构简单、压缩电耗低（20MPa下为 1kWh/kg）、充装和排放速度快等优点，但也存在着安全性能较差和体积比容量低等不足。**低温液态储氢**成本较高，一方面是液化过程耗能较高，约为15kWh/kg；另一方面是液氢储存需要维持低温，且要求容器具有极高的绝热能力。**有机液体储氢**技术是通过不饱和液体有机物（通常以液氨为介质）的可逆加氢和脱氢反应实现储氢。这种储氢方法具有高质量、高体积储氢密度（约为液氢的70%），安全、易于长距离运输，可长期储存等优点，目前仍处于研发阶段，尚未实现商业化应用。**金属氢化物储氢**以氢与金属的化合和分解实现氢的存储和释放（当前主要采用 MgH_2），是极具发展潜力的一种储氢方式，具有储氢体积密度大（与液氢相当）、操作容易、运输方便、成本低、安全程度高等优点，适合于对体积要求较严格的场合，目前仍处于研究阶段。各种储氢技术情况见表2.7。

---

[1] 效率＝氢热值（高）/交流电耗。

表 2.7　各种储氢技术情况

储氢技术	储氢密度（mol/L）	氢质量占比（%）	环境要求	成熟度
高压气态储氢	4.5～15.6	1～5.7	常温、高压 （10～70MPa）	商业化应用
低温液态储氢	35～42	5.7～6	超低温 （低于240℃）	商业化应用
金属氢化物储氢	25～30	2～4.5	常温、常压	研发
有机液体储氢	30～35	5～6	常温、常压	研发

输氢技术与储氢技术选择密切相关，主要采用长管拖车、海运、纯氢管道、天然气管道混输等形式。长管拖车主要用于短途运输高压气态氢，目前加氢站的配送主要采取这种方式。海运一般用于超远距离，且制氢和用氢距离港口较近，多采用液氢形式。纯氢管道目前应用较少，多为点对点，长度在百千米级，造价约为天然气管道的 2 倍以上，寿命仅为天然气管道的一半左右。天然气管道混输可利用现有天然气管网实现氢气输送，考虑管道安全因素和终端用气设备特性等要求，一般混掺比例在 10%～15%。输氢方式及适用场景见表 2.8。

表 2.8　输氢方式及适用场景

输氢形式	氢的状态	适用场景
长管拖车	高压气态	短距离
液氢槽车	液态	中、短距离
航运	液态、化合物	超远距离
纯氢管道	高压气态	近距离
天然气管道混输	高压气态	中、远距离

氢发电技术主要包括氢发电机和氢燃料电池两种。氢发电机主要以氢气（或与天然气的混合气）为燃料，利用内燃机原理，经过吸气、压缩、燃烧、排气过程，带动发电机产生电流输出。氢燃料电池是利用电解水的逆反应，把氢的化学能通过电化学反应直接转化为电能的发电装置。相比而言，燃料电池发电

效率更高、噪声小、没有污染物排放且容易实现小型化，发展前景更加广阔。氢燃料电池主要分为碱性燃料电池、质子交换膜燃料电池、固体氧化物燃料电池等类型。**碱性燃料电池**（Alkaline Fuel Cell，AFC）是燃料电池系统中最早开发并获得成功应用的一种，通常以氢氧化钾作为电解质，多用于宇宙探测飞行等特殊用途的动力电源。**质子交换膜燃料电池**由质子交换膜、电催化剂、气体扩散层、双极板等部分组成，具有工作温度低、启动快、功率密度高等优势，是目前发展最快、在氢能汽车和氢能发电领域应用最广的燃料电池。**固体氧化物燃料电池**属于高温燃料电池，具有全固态电池结构，其综合效率高，对燃料的适应性广，适于热电联供，目前研究的焦点在于电池结构的优化和制备技术的改进。

3. 经济性水平

化学储能涉及的制取、存储以及发电环节都会影响成本，以氢储能为例进行分析。

电制氢成本与用电成本、设备利用率和设备造价密切相关。以碱性电解槽制氢为例，在采用全年满功率运行方式的情况下，制氢成本约为 3.6 美元 / kg，电费占比为 70%～80%，电价对制氢成本影响明显。电制氢的成本随设备利用率下降而上升，在设备利用率低于 40% 的情况下，成本上升明显。大规模的集中式生产能够减少单位建设投资，从而降低整体制氢成本。

氢储运成本主要受存储方式、运输方式和运输距离等因素影响。气态储氢（3.5～35MPa）单次成本为 0.3～0.5 美元 / kg，液态储氢单次成本为 2.5～3 美元 / kg，合成氨储氢单次成本为 1.4～1.7 美元 / kg。公路运输高压气态氢成本每吨为 2.3～3 美元 / km，海运液氢成本每吨约 0.09 美元 / km。

用氢成本主要取决于设备成本。以质子交换膜燃料电池为例，其电堆造价为 1000～3000 美元 / kW，电堆成本约占系统总成本的 60%，成本构成如图 2.22 所示。贵金属催化剂和全氟磺酸膜价格昂贵，是推高燃料电池造价的主要原因。降低催化剂中铂的用量、开发非贵金属催化剂及价格低廉的非氟质子交换膜是降低成本的关键。

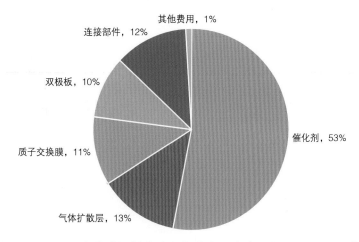

图 2.22　质子交换膜燃料电池电堆成本构成（日本 NEDO 数据）

4. 技术应用

目前，许多国家非常重视氢能的发展和未来应用前景，着眼点主要是实现利用清洁能源制氢、拓展氢能的应用领域、提供氢能在能源消费中的比例等，最终实现降低整个能源系统的排放水平。如何利用储氢技术实现为电力系统提供储能服务，相关的研究和分析较少。

专栏 2.9　　　　　　　**氢储能典型工程**

世界氢储能工程见表 2.9。

表 2.9　世界氢储能工程

名称	国别	功率等级（kW）
于特拉西岛工程	挪威	48
奥迪 e-gas 工程	德国	6000
美因茨工程	德国	6000
Ingrid 氢气示范工程	意大利	1200
Grapzow 风电场 P2G 工程	德国	1000
科西嘉大学 MYRTE 试验平台	法国	160

> ● 挪威于特拉西岛工程
>
> 　　挪威于特拉西岛工程是世界上第一座配置氢储能的风力发电站，利用负荷低谷时段的富余风电生产氢气，在风电不足时再用氢发电。该项目包括 2×600kW 风力发电机、48kW 电解槽、2400m³ 氢气储存设备、10kW 燃料电池、55kW 氢内燃发电机等，实现为岛上居民的可靠供电。
>
> ● 德国美因茨工程
>
> 　　德国美因茨工程包括 3 台质子交换膜电解槽（每台功率 2MW）、两级压缩机、气体供给和填充装置等设备，利用邻近风电厂的富余风电生产氢气，提高风电消纳能力，产生的氢气经过压缩后注入燃气管道，或通过罐车送到使用终端。

　　美国、日本、欧盟、韩国等都相继制定了氢能技术路线图，用以协调和指导其氢能技术发展。中国对于氢能的开发利用也非常重视，2004 年开始研究制定中国氢能路线图工作，确定发展氢能是一个长期战略。

5. 前沿技术

　　将氢气进一步与二氧化碳反应，生成甲烷、甲醇等其他合成燃料，相对容易存储，也可以直接供终端利用。目前，有关机构正在研究在高温、高压、高过电位条件下，选用合适的催化剂，能够使二氧化碳分子活化，与氢气反应生成碳基化合物。其中，甲烷（CH_4）、甲醇（CH_3OH）等产物只含有一个碳原子，转化相对容易，生成物的选择性和物质转化效率可达 90% 以上。

　　电制甲烷流程示意图如图 2.23 所示。近年来，德国、丹麦、荷兰等国已进行较为深入的研究并建有数项示范工程。

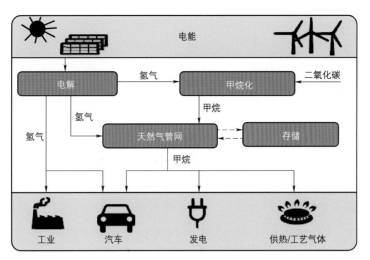

图 2.23　电制甲烷流程示意图

专栏 2.10　丹麦 BioCat 电制甲烷项目

　　丹麦 BioCat 电制甲烷项目使用先进的碱性电解槽和生物甲烷化系统来生产管道级可再生气体，以供注入和储存在当地的燃气配网中，其总体目标是设计、施工和建设商业规模级的燃气发电设施，并展示其为丹麦能源系统提供储能服务的能力。此项目使用 1MW 电解槽，装置主要包括碱性电解槽、生物甲烷化反应器，以及气体注入、热循环等辅助服务设备。

2.6 储热

1. 技术简介

热 / 冷能是人类重要的能源利用形式，占终端能源消费的 40% ~ 50%，储热技术应用领域十分广阔。现有的能源开发利用体系中，绝大部分的能量形式转化均涉及热能，如图 2.24 所示。受限于能量转化过程的损耗，储热极少用于电能的存储（输入和输出均为电），往往作为能量形式转化过程中的一个环节，如太阳能热发电、电供热等；或者仅作为热力系统的储能，如工业余热存储后再利用等。

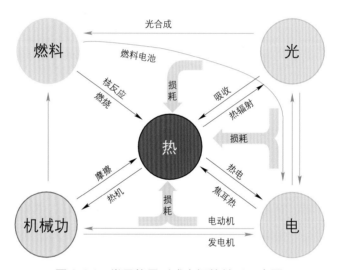

图 2.24　常见能量形式之间的关系示意图

按照储热原理的不同，主要分为显热储热、潜热（相变）储热和化学储热三种形式。其中，显热储热（利用储热材料温度变化实现热能的吸收和释放）技术最成熟、成本最低廉、应用最广泛，在电力系统中主要用于火电厂余热的回收再利用和太阳能光热发电。目前，常用的显热储热材料主要包括水、导热油、熔融盐等，其中，熔融盐已成为高温储热领域的研究热点，在光热发电领域得到较好应用。

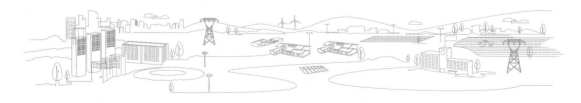

2. 技术特点

相比其他储能技术，储热具有技术成熟、成本低、寿命长、规模易扩展且储能规模越大效率越高等优点。目前，电力系统中应用较多的熔融盐储热主要采用硝酸盐或多元硝酸盐的混合物作为储热介质，具有成本适中、温域范围广、流动性好、蒸汽压力低等优点，并且无毒、不易燃，储热效率可达90%左右。

熔融盐储热系统与太阳能集热设备、汽轮发电机等设备共同组成光热发电系统，可以有效克服太阳能的间歇性和波动性，使太阳能的利用具备可调节能力，增加系统的灵活性。这种应用是未来储热技术在电力系统应用的主要发展方向。另外，熔融盐储热也存在用于发电时热—电转换效率低（40%~50%）、热量易散失、配套的集热设施（如镜场）成本高等问题。

3. 经济性水平

以熔融盐储热为代表的显热储热技术较为成熟。以光热电站中常用的双罐熔融盐储热系统为例，成本为25~40美元/kWh，其中，熔融盐的材料成本约占50%，如图2.25所示。无论熔融盐还是配套设备，成本下降空间均有限，但随着技术的进步，设备的使用寿命有望提高。

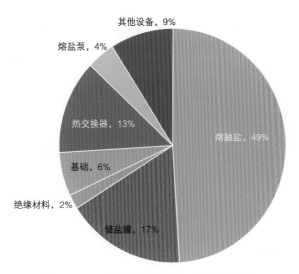

图 2.25 双罐熔融盐储热系统成本构成

4．技术应用

目前，储热技术在电力系统中最主要的应用是利用熔融盐储热实现太阳能热发电。西班牙、美国、摩洛哥等国家已经实现了光热发电的商业化运行，在中国，光热发电技术也已经步入产业化应用阶段，截至 2019 年年底，已有约 200MW 投入商业运营。在太阳能—热能—电能转化的过程中，需要配置储能来实现电站出力的可调节性。太阳能本身无法存储，转化为电能后直接存储的成本较高，而利用熔融盐在热能环节实现储能，成本相对较低。

光热电站多采用双罐熔融盐储热系统，一般由热盐罐、冷盐罐、泵和热交换器组成。当充热时，低温熔盐从冷盐罐中被泵送至太阳能集热器系统中，加热后成为高温熔盐，再被放入热盐罐储存起来；当放热时，热盐罐中的熔盐被泵入至蒸汽发生器中释放热量，将冷凝水加热为高温高压的水蒸气后，自身温度降低再被送回冷盐罐存储，水蒸气则进入汽轮机组发电，如图 2.26 和图 2.27 所示。

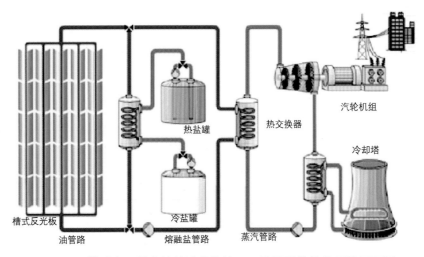

图 2.26　槽式太阳能电站熔融盐传热—双罐熔融盐储热系统原理图

储热技术还广泛应用于供热、工业余热利用等领域，技术路线繁多。利用熔融盐、镁砖等材料的显热储热技术已经实现商业化应用，利用混凝土等新型材料的显热储热技术还处于研究示范阶段；利用石蜡等材料的潜热储热技术开始初步商业化应用，同时不断研发其他材料；化学储热还处于实验研究阶段。

图 2.27　塔式太阳能电站熔融盐传热—双罐熔融盐储热系统

专栏 2.11　　　　**储热在光热发电中的典型应用**

世界典型光热电站见表 2.10。

表 2.10　世界典型光热电站

电站名称	国别	容量（MWh）	功率等级（MW）
Gemasolar 太阳能	西班牙	300	20
新月沙丘太阳能	美国	1100	110
NOOR I 槽式太阳能	摩洛哥	480	30
敦煌熔盐塔式太阳能	中国	1500	100
青海鲁能海西州多能互补示范工程	中国	600	50

● 青海鲁能海西州多能互补示范工程光热电站

　　青海鲁能海西州多能互补示范工程光热电站，如图 2.28 所示，于 2019 年 9 月投产。该电站采用双罐熔融盐储热系统，热盐罐运行温度 555℃，冷盐罐运行温度 298℃，储热容量为 600MWh，通过自身配备大型储热系统，可实现 24h 稳定连续发电，为电网调峰调频提供支撑，有效解决弃光难题。

图 2.28 青海鲁能海西州多能互补示范工程光热电站

2.7 系统集成与运行控制

储能的系统集成涉及直流侧的电池设备和交流侧的变流设备，对储能的安全和性能起重要作用。系统集成从实施过程看由系统设计、设备集成、控制策略制定等组成，主要涵盖电池管理系统（Battery Management System，BMS）、功率转换系统（Power Conversion System，PCS）、能量管理系统（Energy Management System，EMS）等关键设备。随着储能在电力系统中的规模化应用，如何对大量的储能设备实现有效的运行控制，使其与传统的发、输、配、用各环节统筹协调成为适应清洁转型的系统，是大规模储能健康发展的关键。

2.7.1　电池管理系统（BMS）

　　BMS 主要用于集合各类传感器采集到的电池电压、温度等基本信息，并通过自身的管理策略和控制算法实现对电池运行状态的监测、管控和预警功能。现有储能用 BMS 大多与电动汽车用 BMS 通用，缺乏面向储能电池特性及电网应用需求的针对性，因此采集、估算精度较低，管理有效性和可靠性不佳，如 BMS 的抗干扰能力不足，在变流器、电网干扰下，采集精度劣化严重，电池状态估算出现偏差，误报警、误动作现象频发；另外储能系统运行工况复杂多变，电池特性动态衰减，采用传统安时积分或电化学模型的状态估计算法难以实现电池状态的准确估算，影响储能系统容量利用率和使用寿命；同时 BMS 自身安全可靠性能缺乏监管，检测和产品认证力度不足，实际应用中存在误报警、误动作、通信延迟、功能失效、死机等故障，关键时刻不保护、不动作，给储能系统安全运行带来隐患。

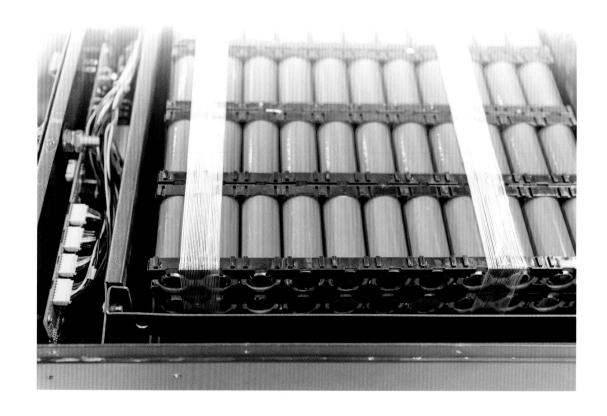

2.7.2　功率转换系统（PCS）

PCS 是接收 EMS 系统指令控制储能电池充放电过程的交直流功率变换系统。PCS 是储能电池与电网能量交互的桥梁，直接决定储能系统的涉网特性，但实际应用中 PCS 多机协调运行能力不佳，严重影响大规模储能系统的动态特性。目前低压并网 PCS 单机功率较小，一般不超过 1MW，多采用多机并联方式实现容量的扩大，受限于个体性能差异，并联条件下系统响应速度、出力精度明显下降，且存在谐振、环流等安全稳定问题，且耐受过电流、过电压的能力较差，多机并联一致性协调控制策略有待提升，一次调频的响应速度还有待进一步改进。虽然可通过提升交直流侧电压的方式增大低压变流器的单机功率，但是普遍缺乏高压直流系统绝缘耐压及电池管理的成熟方案。中高压直挂式储能变流器虽能有效提升系统功率和效率，但实现复杂、维护困难，目前市场产品较少，综合性能还有待市场进行进一步验证。

2.7.3　能量管理系统（EMS）

EMS 是利用信息技术对储能电站内的储能系统和变电站系统进行实时监控的信息系统，具有功率调度控制、电压无功控制、电池荷电状态（State of Charge，SOC）维护、平滑出力控制、经济优化调度、优化管理、智能维护及信息查询等功能。由于目前储能监控系统存在大量专用和私有协议，规约转换环节一方面影响储能电站响应速度，另一方面可能存在严重的信息安全漏洞；同时调度指令分配策略算法较为单一，难以根据储能单元状态差异进行协调控制，无法保障储能单元一致性，不满足事故及紧急状态下的响应需求；储能电站稳态能量和暂态能量的控制技术仍需进一步完善和优化。

综上所述，目前基于储能单元的兆瓦级及十兆瓦级电池储能系统的集成已实现突破，技术指标基本满足电力系统应用需求；基于多机并联的百兆瓦级电池储能电站集成技术已有应用案例，并在多个电源侧、电网侧和用户侧储能电站示范或商业工程中得到应用；吉瓦级储能系统集成技术研究刚刚起步，相应的储能电站监控与能量管理技术亟须突破。但是 BMS 精确管理能力和可靠性仍有待提升，PCS 效率和稳定性尚需改进，EMS 的广域协同管理能力还有待提高。

2.7.4　运行控制技术

目前，储能在电力系统中的应用主要集中在参与系统调峰和配合发电设备调频两种场景。储能的运行控制策略研究仍处于初级阶段，主要集中在根据单一信号，如调度指令、系统的频率变化等，优化储能设备的动作时机和充分利用储能的放电深度（Duty of Discharge，DOD）。

用于调峰的储能配置往往只考虑负荷特性，并没有从新能源接入和区外来电等角度考虑电网实际调峰需求。与常规电源在容量配置和协同控制方面进行配合，在交直流互联电网受端根据系统的负荷特性进行针对性配置和控制等研究还相对匮乏。用于电网调频的储能参与发电机组一次调频与二次调频的规划及控制往往相对独立，缺乏整体考量。如何根据电池容量、充放电倍率和 SOC 上下限值解决电池参与调频的动作时机和动作深度问题，是储能参与电网调频控制的难点。

3

需求与配置研究

在未来的高比例清洁能源系统中，风能、太阳能的发电能力由自然条件决定，随机、波动和不可控是其显著的特点。保持足够的调节能力是系统安全、经济、高效运行的关键。储能是调节能力的重要来源，要利用储能为能源系统提供灵活性的解决方案，必须要研究解决以下问题：系统需要多少储能、需要什么样的储能以及怎样配置储能。本章首先分析了储能的典型应用场景及其对储能技术的要求，开展了分场景配置方法研究。在此基础上，建立了储能与电源联合规划的量化模型和优化方法，采用系统级的全年逐小时（8760h）运行模拟，分析了 2050 年规划方案下的全球储能需求和配置方案。

3.1 研究基础

3.1.1 调节能力需求

传统电力系统的生产供应相对稳定，用电需求的变化是主要的不可控因素，因此，调节能力主要用于应对用电负荷的随机变化。随着能源系统的清洁转型，风、光等新能源的渗透率不断提高，其发电出力的随机性也逐渐成为系统中重要的不可控因素。高比例清洁能源系统需要足够的调节能力同时应对来自消费侧和供应侧的随机变化。为了分析方便，一般把用电负荷减去风、光出力后的值定义为净负荷，**净负荷的波动特性决定了能源系统对调节能力的需求**。

1. 特性指标

对于净负荷时间序列，其波动性可通过平均值、最大幅值、标准差、变化速率、波动周期等统计学指标进行描述，如图 3.1 所示。

平均值相当于净负荷的平均水平，反映了该系统对除风、光以外电源的基本需求，即火电、可调节水电、核电等可控电源的最小装机容量。如果平均值大于零，表明风、光发电量不足以满足用电需求，需配置其他电源提供电量；

如果平均值小于零，表明风、光发电量可以满足用电需求，其他电源仅需要提供功率调节能力。

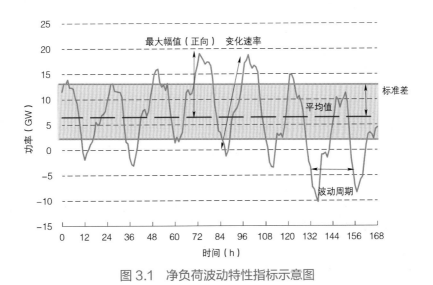

图 3.1　净负荷波动特性指标示意图

最大幅值代表系统为满足实时电力平衡对调节功率的最大需求。正向调节功率大于净负荷正向最大幅值，可以保证用电需求的充足供应；负向调节功率小于净负荷负向最大幅值，可以保证不弃风、不弃光。

标准差表示净负荷序列的平均离散程度，即波动的平均水平。标准差越小，表明净负荷越平稳，对系统调节能力的需求也越小；反之亦然。

变化速率表示单位时间内净负荷变化的快慢，代表系统对调节速度的需求。上升（下降）速率越大，需要提供调节能力的设备（发电机组、储能等）具有越快速的爬坡速率。

波动周期表示单次净负荷波动时间的长短，反映了净负荷波动的时间规律性。

2. 净负荷的特性分析

净负荷的波动性与用电负荷、新能源出力特性密切相关，随着新能源渗透率提高而增大。以华北某省夏季典型日为例进行分析，当新能源渗透率为零时，用电负荷即为净负荷，呈现早、晚两个高峰，夜间低谷的波动特性。新能源渗透率达到 20% 时，净负荷平均值下降，白天光伏发电使净负荷的日内高峰明显减小。

当新能源渗透率增加到 50% 时，风、光出力对净负荷的影响程度进一步加大，在中午光伏最大出力时刻净负荷降至零以下，呈现"鸭形曲线"特点；风电的随机性则加剧了净负荷曲线的波动。当新能源渗透率增加到 80% 时，净负荷在日内大部分时间小于零，波动性更加明显。不同新能源渗透率下净负荷短时间尺度波动如图 3.2 所示。

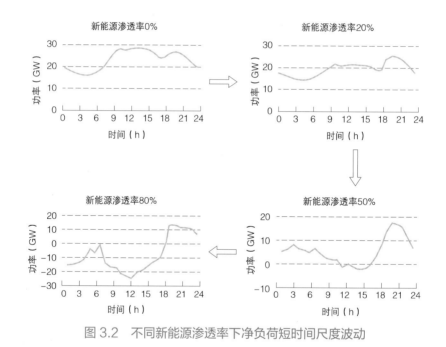

图 3.2　不同新能源渗透率下净负荷短时间尺度波动

总体上看，随着新能源渗透率的提高，净负荷的最大值和平均值不断下降，标准差和最大变化速率不断提高，说明净负荷波动性越来越强烈，见表 3.1。

表 3.1　不同新能源渗透率下净负荷的波动数值

新能源渗透率（%）	0	20	50	80
净负荷最大值（GW）	28.54	25.59	17.3	14
平均值（GW）	23.41	19.68	5.29	−7.85
标准差（GW）	4.33	3.09	5.72	12.24
最大变化速率（GW/h）	3.89	4.64	6.77	16.69

　　按照电力系统常用的时序分析法，将净负荷时间序列按照不同时间尺度分为超短时（秒级到分钟级）、短时（小时级到数日）和长期（周、月、年）分析其特性，分别对应调频、日内调峰和季节性调峰等场景，结果表明，**净负荷在不同的时间尺度下的波动特性各异**，如图 3.3 所示。

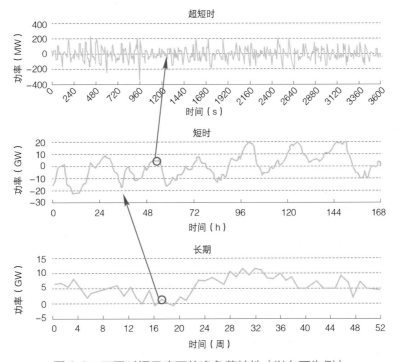

图 3.3　不同时间尺度下的净负荷特性（以东亚为例）

　　超短时尺度下（以秒为单位），风电出力主要受瞬时风速、微气象等因素影响；光伏出力主要受云量变化、空气漂浮物等情况决定；用电负荷主要受用户的随机用电行为决定。三者叠加后，净负荷呈现非常强的随机性，规律不明显。净负荷的幅值和标准差小、周期短（秒级），如图 3.4 所示。随着电网互联规模的扩大，不同地区之间用电负荷、风光出力一般没有相关性，相互叠加后可以在一定程度上平抑超短时的随机波动。

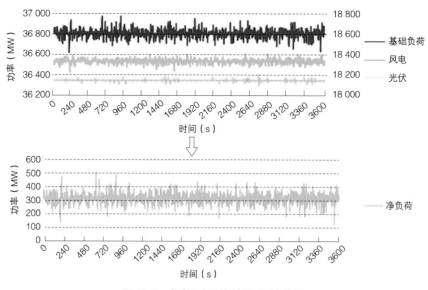

图 3.4　超短时尺度的净负荷曲线

　　短时尺度下（以小时为单位），光伏出力规律性最强，每天只在白天有太阳光照的时候发电；基础负荷受人类作息习惯、天气条件等因素影响，呈现早晚高峰、凌晨低谷的特点；风电规律性较弱，但总体来看呈现夜间大、白天小的特点。三者作用叠加后，净负荷在一定程度上呈现出按日循环的规律性，如图3.5所示。

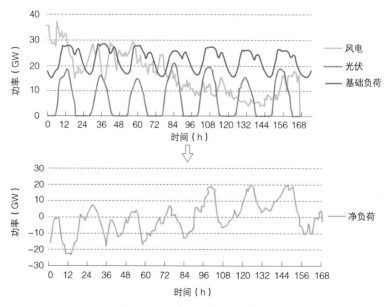

图 3.5　短时尺度的净负荷曲线

长期尺度下（以周为单位），风、光资源的季节性变化趋势明显，以中国华北地区为例，风电基本呈现冬季大、夏季小的特点，光伏则相反；基础负荷受大众用电季节需求、节假日等因素影响，呈现冬夏高峰、春秋低谷的特点。净负荷叠加了风、光、基础负荷的变化特点，呈现一定的季节性规律，波动周期可达数周，如图 3.6 所示。

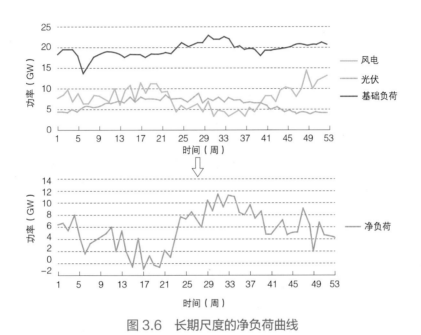

图 3.6　长期尺度的净负荷曲线

3.1.2　可调节电源

根据全球能源互联网系列规划研究成果，预计到 2035 年，全球火电、水电、核电、生物质及其他具备调节能力的电源装机容量为 7.7TW，占比为 47%；2050 年，可调节电源装机容量为 8.3TW，占比降至 32%。最大负荷由 2035 年的 7.7TW 增至 10.8TW，可调节电源占最大负荷的比例从 100% 降至 77%，见表 3.2。

表 3.2　2035、2050 年各洲可调节电源及负荷情况

时间	电源或负荷	亚洲	欧洲	非洲	北美洲	中南美	大洋洲	总计
2035 年（TW）	火电	2.76	0.46	0.27	0.74	0.19	0.05	4.47
	水电	1.06	0.49	0.15	0.25	0.29	0.02	2.26
	核电	0.24	0.14	0	0.16	0.01	0	0.55

3.1　研究基础

时间	电源或负荷	亚洲	欧洲	非洲	北美洲	中南美	大洋洲	总计
2035 年（TW）	其他	0.25	0.1	0.03	0.02	0.06	0.004	0.46
	负荷	4.32	1.16	0.41	1.28	0.44	0.06	7.67
2050 年（TW）	火电	2.55	0.28	0.3	0.7	0.21	0.04	4.08
	水电	1.4	0.63	0.28	0.3	0.36	0.03	3
	核电	0.32	0.1	0	0.15	0.02	0	0.59
	其他	0.39	0.12	0.04	0.02	0.08	0.006	0.66
	负荷	6.33	1.43	0.71	1.59	0.63	0.08	10.77

3.1.3　新能源出力特性

基于全球清洁能源资源开发与评估平台，获取各大洲的风速、太阳能水平面总辐射、温度、空气密度、地形等基础数据，计算得到典型的风电、光伏基地的全年逐小时出力特性。如图 3.7 所示。

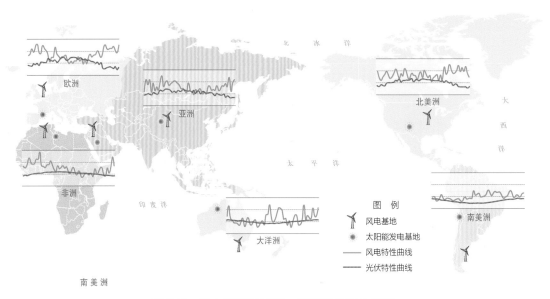

图 3.7　各大洲典型风电、光伏基地出力特性

专栏 3.1　全球主要风电、光伏基地的发电特性

　　根据全球能源互联网骨干网架规划，选择了全球各区域有代表性的 8 个风电基地、8 个光伏基地，如图 3.8 所示。采用标准差、最大最小波动性等指标，可以明确各基地新能源发电出力的随机性特征。

图 3.8　全球典型风电、光伏基地布局

　　全球典型太阳能基地典型周的逐小时出力特性如图 3.9 所示，52 周的年度特性如图 3.10 所示，表 3.3 给出了全球典型太阳能基地波动性指标的计算结果。

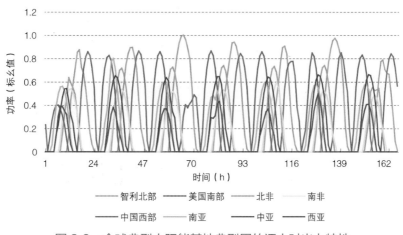

图 3.9　全球典型太阳能基地典型周的逐小时出力特性

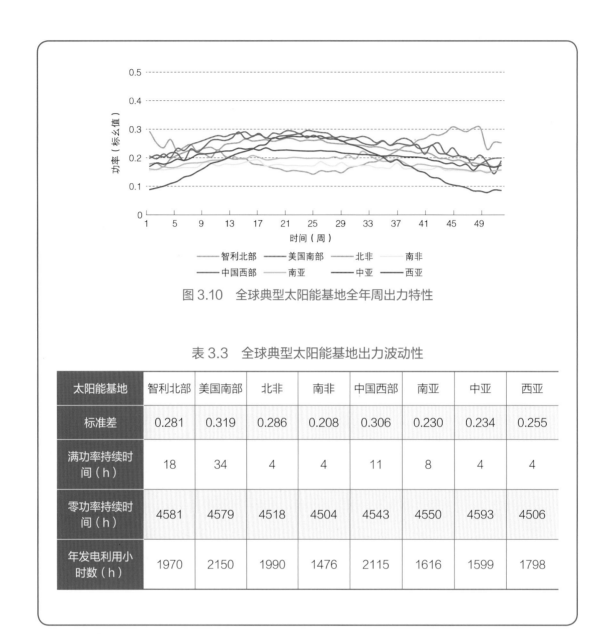

图 3.10　全球典型太阳能基地全年周出力特性

表 3.3　全球典型太阳能基地出力波动性

太阳能基地	智利北部	美国南部	北非	南非	中国西部	南亚	中亚	西亚
标准差	0.281	0.319	0.286	0.208	0.306	0.230	0.234	0.255
满功率持续时间（h）	18	34	4	4	11	8	4	4
零功率持续时间（h）	4581	4579	4518	4504	4543	4550	4593	4506
年发电利用小时数（h）	1970	2150	1990	1476	2115	1616	1599	1798

3.1.4　新能源发电成本

根据全球清洁能源发电技术与经济性展望研究，将影响新能源发电经济性的众多因素归纳为资源特性、技术因素以及非技术因素三大类，充分考虑各大洲资源禀赋、设备等技术成本和政策经济环境等非技术成本的差异，对各大洲集中式大型海上风电、陆上风电以及光伏基地的综合初始投资和平准化度电成本（简称度电成本，Levelized Cost of Electricity，LCOE）水平进行了逐年预测。2035、2050 年新能源发电成本预测见表 3.4。

表 3.4　2035、2050 年新能源发电成本预测

时间	区域	海上风电		陆上风电		光伏	
		初投资（美元/kW）	度电成本（美分/kWh）	初投资（美元/kW）	度电成本（美分/kWh）	初投资（美元/kW）	度电成本（美分/kWh）
2035 年	亚洲	1260	6.9	680	3.0	400	1.9
	欧洲	1520	6.2	890	3.7	490	2.6
	非洲	1530	7.2	850	3.8	470	1.9
	北美	1580	6.6	890	3.3	490	2.2
	南美	1510	6.5	840	3.1	460	2.0
	大洋洲	1540	7.4	910	3.5	450	2.0
	全球	1470	6.5	770	3.3	420	2.0
2050 年	亚洲	1060	5.8	520	2.4	230	1.4
	欧洲	1300	5.3	730	3.0	310	2.0
	非洲	1290	6.0	670	3.0	260	1.4
	北美	1350	5.6	730	2.7	280	1.5
	南美	1280	5.5	660	2.5	260	1.4
	大洋洲	1310	6.3	730	2.8	260	1.4
	全球	1250	5.5	610	2.6	240	1.5

3.2 技术路线

　　分析系统对储能需求和优化配置方案，需要明确系统的发展目标。从推动清洁能源转型的角度来看，系统发展目标主要包括两方面：一是清洁能源占比不断提高，二是综合用电成本下降。全系统到底需要多少储能、什么样的储能，才能在确保清洁能源比例不断提高的同时，用能成本可以持续下降。具体分析过程如图 3.11 所示。

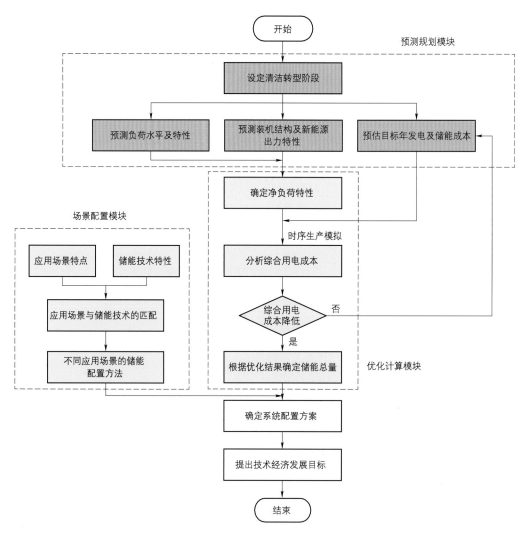

图 3.11　储能需求与配置分析流程图

1. 预测规划模块

设定清洁转型阶段，即明确清洁能源占比。以此为边界条件，根据前述研究基础，提出达到该占比指标水平年的用电负荷水平、负荷特性、装机结构、机组出力特性，并预估目标年的各类发电和储能成本。

2. 优化计算模块

将预测规划模块的结果作为输入，以确保用电可靠性为前提，以综合用电成本最低作为优化目标，利用软件工具进行时序生产模拟计算，分析最优的系统储能配置总量。随着清洁能源占比的提高，如果系统综合用电成本不断降低，说明能源清洁转型能够顺利推进；如果系统综合用电成本上升，说明预估的储能成本水平无法满足清洁转型的需求，应调低储能预估成本后重新迭代。

3. 场景配置模块

梳理电力系统中储能的主要应用场景，分析不同应用场景对储能的技术需求，再根据不同储能的技术特性，对二者进行匹配，提出典型应用场景的储能配置方法。结合优化计算模块输出的储能需求总量，确定系统储能的配置方案。

根据储能配置方案，提出在该清洁转型阶段储能的技术经济性发展目标。

3.3 主要应用场景

3.3.1 场景定义

储能广泛应用于电力系统**电源侧**、**电网侧**、**用户侧**的不同场景。不同应用场景对储能的持续放电时长有不同需求，对应电力系统常用的时序分析方法，可分为超短时、短时和长期时间尺度，如图 3.12 所示。

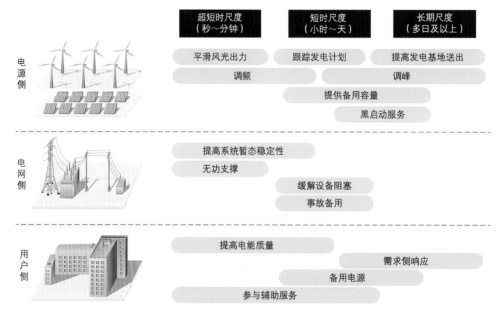

图 3.12　储能在电力系统中的应用场景

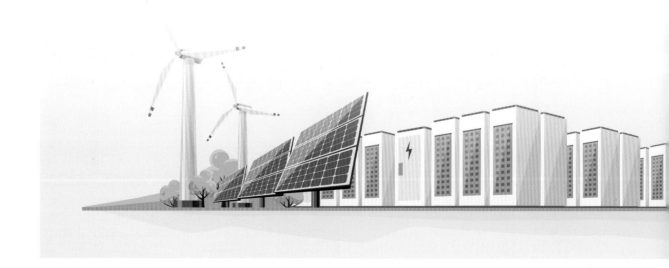

电源侧，平滑新能源出力波动、调频等场景属于超短时和短时尺度应用，季节性调峰等场景属于长期尺度应用；电网侧，提供系统备用、延缓输变电设备阻塞等均属于短时尺度应用；用户侧，提高电能质量、调频属于超短时和短时尺度应用，参与需求侧响应在短时和长期尺度均有应用。

1. 电源侧

在电源侧，储能主要用于解决弃风、弃光，跟踪计划出力及平滑发电输出，为系统提供调峰、调频及备用容量等辅助服务。

解决弃风、弃光。风力发电和光伏发电的发电功率波动性较大，常常会出现无法完全消纳的情况。应用储能技术可以减小或避免弃风、弃光。通过在新能源发电场站侧安装储能系统，在电网调峰能力不足或输电通道阻塞的时段，储能系统存储电能；在新能源出力水平较低、电网具备消纳能力的时段释放电能，提高新能源场站发电的利用率。

跟踪计划出力，平滑发电输出。新能源发电出力的随机性强，大规模的新能源并网使电力系统的发电出力具有明显的不确定性，给电网的电力平衡安排带来困难。因此，调度机构需要提前对发电功率进行预测，并以此为依据制订发电计划，以便合理安排电网运行方式、降低系统冗余、提高电网对新能源的接纳能力。新能源发电场站配置储能系统，可以实现新能源—储能电站的发电功率无差跟踪调度机构下达的发电出力计划，并减少功率的波动，提高新能源发电的并网友好性。

系统调峰。随着电力负荷的增长和传统发电机组的淘汰，电力系统的调峰能力将不断降低，在用电尖峰时段的供电能力可能出现不足，而在其他时段电力又相对富余。以传统发电机组（如火电）作为调峰机组，其利用率较低，提高了发电成本。利用储能系统应对尖峰负荷，即在负荷低谷期利用富余的电力给储能系统充电，尖峰负荷期时段储能再放电，可以为系统提供调峰服务。

系统调频。当电力系统中的发电或用电发生变化时，必然会引起频率的变化，为了保持二者之间的实时平衡，要求发电机组或储能的出力根据调度需求进行动态调整。对于发电机组，频繁的动态调整会使机组部分组件产生蠕变，造成设备受损，降低机组的可靠性，最终降低整个机组的使用寿命。储能系统具备快速响应能力，充放电对其使用寿命损耗较小，利用储能系统辅助或代替传统机组为系统提供调频辅助服务，可以降低传统机组的磨损，避免对机组的损害，减少设备维护和更换设备的费用。

提供备用容量。储能系统普遍具有启动时间短、响应速度快等优点，在发生异常或事故时，能够迅速提供有功或无功功率的支撑，保障电能质量和系统安全稳定运行。储能系统作为备用时损耗小，随时可被调用，因此相对于发电机组，运行成本更低。

2. 电网侧

储能在电网侧的应用主要包括以下两方面：延缓输变电设备的升级与增容，提高电网运行的稳定水平。

延缓输变电设备的升级与增容。输电网中，负荷的增长和电源的接入，特别是大规模新能源发电的接入，都需要新增输变电设备以提高电网的输电能力。然而，受用地、环境等问题的制约，输电走廊日趋紧张，输变电设备投资大、建设周期长，难以灵活快速满足新能源发展和负荷增长的需求。储能设备具有安装便捷、建设周期短等优点，安装在电网中的特定位置，可以在输变电设备无法及时投运的情况下，代替输变电设备，提升电网的输送能力。在输变电设备投运后，储能设备还可以方便地拆卸后到其他地方使用。

提高电网运行的稳定水平。当电力系统发生短路或大扰动发生暂态失稳时，发电机电磁功率无法正常送出，转子进入摇摆状态，储能系统可以在几百毫秒内将几百兆瓦无法送出的电磁功率储存起来，改善发电机局部的有功不平衡，提高系统的暂态稳定水平。当电力系统因为阻尼不足发生动态失稳时，系统发生周期性振荡，储能系统可以根据系统振荡频率进行周期性的充放电进行反向调节，为系统提供动态阻尼，提高系统的动态稳定水平。当电力系统发生大容量直流闭锁引起受端系统功率大规模转移时，交流通道越限。储能系统可以在几百毫秒内实现从满充到满放的功率反转，不但可以提高系统的稳定性，还可以提高受端用户的供电可靠性；当电力系统产生功率缺额引起频率快速下降时，储能可根据频率的变化进行微分反馈控制调整出力，为系统提供惯量支撑，延缓频率变化率，阻止频率快速下降，为一次调频赢得时间。

3. 用户侧

在用户侧，储能主要应用于分时电价管理、容量费用管理、提高供电质量和可靠性、提高分布式能源就地消纳、提供辅助服务等方面。

分时电价管理。 电力系统负荷随着时段的变化呈现出高峰时段、平时段和低谷时段不同负荷水平，电力企业通过制定不同时段的电价水平来引导用户用电。在实施分时电价的电力市场中，储能是帮助电力用户实现分时电价管理的理想手段，低电价时给储能系统充电，高电价时储能系统放电，通过低存高放降低用户的整体用电成本。

容量费用管理。 电力系统中工业用户电价一般包含存量电价和容量电价。存量电价是指按照实际使用的电量计费的电价，具体到用户侧，指的是按用户所用电度数计费的电价。容量电价则主要取决于用户用电功率的最高值，与在该功率下用电的时间长短及用电量无关。储能系统在用户用电的尖峰时段供电，可降低输变电设备的容量需求，减少容量费用，节约总用电费用。

提高供电质量和可靠性。电力系统网络复杂，设备运行状态多变，用户获得的电能具有一定的波动性，需要特定的设备保障电能质量水平。在用户侧安装具有快速响应能力的储能设备，可以降低供电的波动性，提高电能质量，例如当电网异常发生电压闪变时，储能系统可快速发出无功功率，提高电压水平；当供电线路发生故障时，储能系统可短时确保重要负荷供电的不中断。

提高分布式能源就地消纳。对于工商业用户，在其安装新能源发电装置的厂房、办公楼屋顶或园区内投资储能系统，可以平抑新能源发电出力波动、提高电能质量，利用峰谷电价差套利。对于安装光伏发电的居民用户，由于光伏发电集中在白天，而居民用户负荷在夜间较高，配置家庭储能系统可更好地利用光伏发电，甚至实现电能自给自足。此外，在配电网故障时，家庭储能系统还可继续供电，降低停电对用户的影响，提高供电可靠性。

提供辅助服务。与发电侧储能系统类似，用户侧储能系统也可以为系统提供调峰、调频、备用等辅助服务。

3.3.2 技术需求

超短时尺度应用场景包括提高电能质量、一次调频、平滑新能源出力、无功支撑等，该类应用场景动作周期随机，需要较短时间的功率支持，要求储能能够根据系统变化作出自动、快速的响应，对储能的响应时间、效率、循环寿命要求较高，对功率等级、持续放电时长要求较低，如图 3.13 所示。

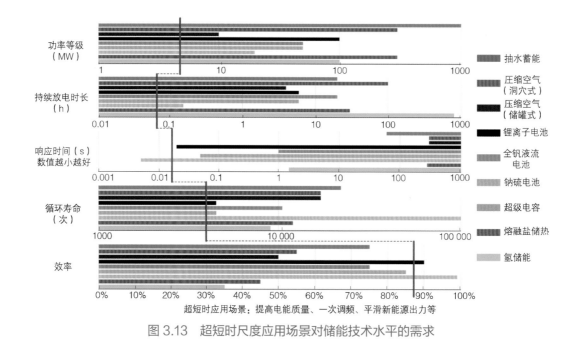

图 3.13　超短时尺度应用场景对储能技术水平的需求

短时尺度应用场景包括跟踪出力计划、二次调频（也称为自动发电控制，Automatic Generation Control，AGC）、日内削峰填谷、提供系统备用等，持续放电时长要达到小时级，并可较频繁地转换充放电状态，对储能的功率等级、循环寿命要求较高，对响应时间要求较低，如图 3.14 所示。

长期尺度应用场景包括长期需求侧响应、季节性调峰等，持续放电时长要达到数日甚至数周，因此需要储能的功率和容量能够分别实现，具有存储容量大、成本随容量增长不明显、转化效率高等特点，对响应时间、循环寿命要求较低，如图 3.15 所示。

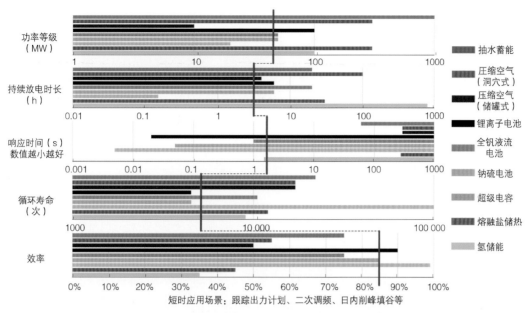

图 3.14　短时尺度应用场景对储能技术水平的需求

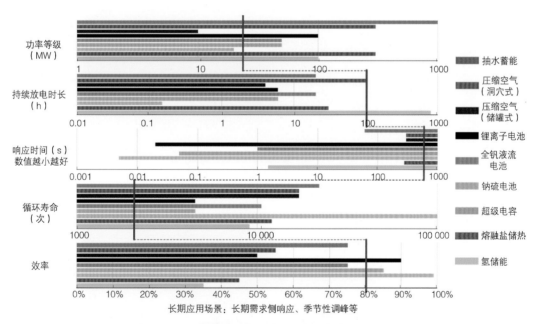

图 3.15　长期尺度应用场景对储能技术水平的需求

　　不同应用场景对储能技术提出了差异化需求，需求的多样性将会引导储能技术向多元化方向发展，应用场景的强烈需求将会驱使适用的储能技术成为主导。

3.3.3　匹配度分析

由于不用应用场景对储能的技术需求各异，各种储能的技术经济特性千差万别，因此需要建立一种综合评价方法，分析应用场景与储能技术的适应度，实现两者的匹配。

1.　综合评价方法

（1）评价方法。综合评价方法是在理清影响分析对象结果因素的基础上，结合各影响因素或指标的原值，通过综合权重计算确定分析对象评价分值的一种定量分析方法。当影响因素或指标较多时，可首先对影响因素或指标进行层次划分或聚类，再逐层逐步确定各层或各分类子集权重，最后确定每层或每个分类子集内具体因素或指标权重开展综合权重分析，以此简化分析流程，提升评价可信度和可靠性。

综合评价方法的计算公式为

$$R = \sum_n A_n B_n \ (n=1,2,3\cdots) \qquad (3-1)$$

式中：R（$0 < R < 100$）为分析对象的综合评价分值；A_n（$0 < A_n < 100$）为各影响因素或指标的原始分值；B_n（$0 < B_n < 100\%$）为各影响因素或指标的综合权重，且$B_1+B_2+\cdots+B_n=100\%$，B_n的取值方式主要有主观赋值法、客观赋值法、复合赋值法等。

将综合评价结果按照分值大小分为优、良、中、差四个级别，并确定最终的适用度，见表3.5。

表3.5 应用场景与储能技术适用度分值 R 对应级别

总分值	级别	适用度
90～100	优	完全适用
70～90	良	较为适用
50～70	中	一般适用
< 50	差	不适用

（2）参数赋值。研究采用综合评价方法分析不同应用场景下储能技术的适用度，目标是建立不同应用场景下储能技术的适用度排序。采用该方法评估主要包括两个方面：各种储能的技术经济等性能指标赋值 A_n；根据不同应用场景需求赋值综合权重 B_n。考虑到储能技术本身尚处于发展初期，应用也处于培育推广阶段，总体来说技术经济性能成熟度不高，还未出现业内公认的成熟的技术经济性定量核算方法，加之其技术类型繁多、性能指标多样、应用场景丰富，难以在现有阶段通过单纯技术性分析或经济性分析方法为综合评价方法中的各项赋值。因此本报告主要采用基于前期研究、科学实验、工程实践，并结合专家咨询指导下的经验性复合赋值法，对 A_n 和 B_n 进行定量确定。

储能技术主要性能指标 A_n 赋值，主要参考科学研究文献、实验检测、专家咨询意见等，由于各储能技术经济特性不同，原值 A_n 不尽相同，将 A_n 按照技术性、安全性、经济性进行分类。

在对各类储能技术分析、对比和评价中，一般主要考虑以下性能指标：集成功率等级、持续放电时间、循环次数、响应时间、能量密度、功率密度等技术指标；安全性、功率成本、能量成本、系统效率等经济指标，分别定义为 A_1、A_2、…、A_{10}。分别定义各应用场景下的集成功率等级、持续放电时间、循环次数、响应时间、能量密度、功率密度等技术性需求为 $[B_1, B_6]$；安全性需求为 B_7；功率成本、能量成本、系统效率等经济性需求为 $[B_8, B_{10}]$，其中，$[B_1, B_6] \in M_1$，$[B_7] \in M_2$，$[B_8, B_{10}] \in M_3$。

不同储能的技术性、安全性及经济性指标上各有优势，采用复合赋值法，对主要储能技术进行赋值，见表3.6。

表3.6　各类储能技术经济指标赋值 A_n

技术类型	功率等级	放电时长	响应时间	循环次数	能量密度	功率密度	安全	能量成本	功率成本	效率
抽水蓄能	100	70	30	80	65	60	100	75	30	75
压缩空气储能	90	85	40	80	70	60	90	70	30	60
飞轮储能	50	10	100	95	30	95	80	20	90	95
铅炭电池	80	40	80	20	60	70	85	65	70	80
锂离子电池	85	40	90	40	80	85	75	60	80	90
液流电池	80	60	80	55	65	75	85	50	60	75
钠硫电池	80	40	80	40	75	75	80	60	75	85
超级电容器	50	5	100	100	30	100	85	10	95	90
氢储能	90	100	50	70	100	65	80	90	30	60
热储能	80	80	50	70	60	50	85	95	40	60

综合权重 B_n 赋值，主要参考科学研究文献、仿真建模数据、示范工程实践和专家咨询意见等。在赋值过程中，为提高可靠性和可信度，将各项应用场景需求按技术性、安全性、经济性分为三个子集，以 M_n（ $0 < M_n < 100\%$，n =1、2、3，$M_1+M_2+M_3=100\%$ ）表示，其中 M_1、M_2、M_3 分别代表不同应用场景对各类储能在技术性、安全性、经济性方面的需求权重，定义该三项总需求权重分别为 $M_1=40\%$，$M_2=25\%$，$M_3=35\%$。每个子集 M_n 内包含若干性能指标需求的分权重 B_n，假设 M_1、M_2、M_3 子集内包含的分权重数量分别为 n_1、n_2、n_3，则对技术性需求 M_1 子集来说，$[B_1, B_{n1}] \in M_1$，且满足 $B_1+B_2+\cdots+ B_{n1}=40\%$；对安全性需求 M_2 子集来说，$[B_{n1+1}, B_{n1+n2}] \in M_2$，且满足 $B_{n1+1}+B_{n1+2}+\cdots+B_{n1+n2}=25\%$；对经济性需求 M_3 子集来说，$[B_{n1+n2+1}, B_{n1+n2+n3}] \in M_3$，且满足 $B_{n1+n2+1}+B_{n1+n2+2}+\cdots+B_{n1+n2+n3}=35\%$。

2.　应用场景与技术适应度的综合评价

根据以上应用场景及其对储能的技术需求来看，可将电力系统储能应用场景主要归纳为两类：分钟级及以上的能量型应用场景和分钟级及以下的功率型应用场景。以下主要针对该两大类应用场景开展技术适应度评估。

（1）能量型场景与技术的适用度评价。 能量型应用场景，要求储能技术能够降低电网的高峰负荷，提高低谷负荷，平滑负荷曲线，提高负荷率，降低电力负荷需求，减少发电机组投资和稳定电网运行。根据其特点，能量型应用场景主要对储能技术的功率等级、放电时长、循环次数、安全性、能量成本和效率要求较高。据此分别对技术性 M_1、安全性 M_2、经济性 M_3 子集内的各指标权重进行赋值。在 M_1 子集内，功率等级、放电时长、循环次数三项指标权重分别为 30%、45%、25%，则三项指标对于综合评价的总权重分别为 B_1=12%，B_2=18%，B_3=10%；在 M_2 子集内，由于仅有安全性 B_4 一项指标，因此其权重为 100%，对于综合评价的总权重为 B_4=25%；在 M_3 子集内，能量成本、效率两项指标权重分别为 60%、40%，则两项指标对于综合评价的总权重分别为 B_5=21%，B_6=14%，见表 3.7。

表 3.7　能量型场景储能技术性能赋值 B_n

储能场景	技术性 40%			安全性 25%	经济性 35%	
能量型	功率等级 30%	放电时长 45%	循环次数 25%	安全性 100%	能量成本 60%	效率 40%
需求赋值 B_n	12%	18%	10%	25%	21%	14%

将表 3.6 和表 3.7 中数值 A_n 和 B_n 代入式（3-1），给出各种储能技术在能量型应用场景的适用度综合评价结果，见表 3.8。

表 3.8　能量型场景储能技术评价分值 R

储能技术	分值	级别	适用度
抽水蓄能	90.6	优	完全适用
压缩空气储能	84.9	良	较为适用
飞轮储能	30.5	差	不适用
超级电容器	25.5	差	不适用
铅炭电池	51.3	中	一般适用
锂离子电池	52.9	中	一般适用
液流电池	71.1	良	较为适用
钠硫电池	55.2	中	一般适用
氢储能	95.1	优	完全适用
热储能	83.3	良	较为适用

从适用度的评价结果可以看出，抽水蓄能完全适用于能量型应用场景，压缩空气储能、热储能、锂离子电池、铅炭电池，液流电池、钠硫电池、氢储能较为适用于能量型应用场景，飞轮储能和超级电容器不适用于能量型应用场景，雷达图如图 3.16 所示。

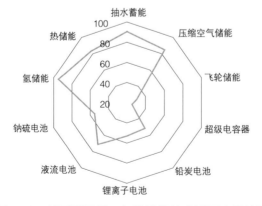

图 3.16　能量型场景下各种储能技术适用度雷达图

（2）功率型场景与技术的适用度评价。功率型应用场景，比如电力调频或平滑新能源波动的储能场景，则需要储能电池在秒级至分钟级的时间段快速作用，进行紧急功率支撑，稳定电网频率。根据其特点，功率型储能应用场景主要对储能技术的功率等级、响应时间、循环次数、安全性、功率成本和效率要求较高。据此分别对技术性 M_1、安全性 M_2、经济性 M_3 子集内的各指标权重进行赋值。在 M_1 子集内，功率等级、响应时间、循环次数三项指标分权重分别为 20%、50%、30%，则三项指标对于综合评价的总权重分别为 $B_1=8\%$，$B_2=20\%$，$B_3=12\%$；在 M_2 子集内，仅有安全性 B_4 一项指标，因此其权重为100%，则对于综合评价的总权重为 $B_4=25\%$；在 M_3 子集内，功率成本、效率两项指标分权重分别为 60%、40%，则两项指标对于综合评价的总权重分别为 $B_5=21\%$，$B_6=14\%$，见表 3.9。

表 3.9　功率型场景储能技术性能赋值 B_n

储能场景	技术性 40%			安全性 25%	经济性 35%	
功率型	功率等级 20%	响应时间 50%	循环次数 30%	安全性 100%	功率成本 60%	效率 40%
需求赋值 B_n	8%	20%	12%	25%	21%	14%

将表 3.6 和表 3.9 中数值 A_n 和 B_n 代入式（3-1），给出各种储能技术在功率型应用场景中适用情况的综合评价结果，见表 3.10。

表 3.10　功率型场景储能技术评价分值 R

储能技术	分值	级别	适用度
抽水蓄能	57.8	中	一般适用
压缩空气储能	47.4	差	不适用
飞轮储能	90.6	优	完全适用
超级电容器	98.8	优	完全适用
铅炭电池	68.0	中	一般适用
锂离子电池	83.6	良	较为适用
液流电池	72.0	良	较为适用
钠硫电池	79.2	良	较为适用
氢储能	49	差	不适用
热储能	47.1	差	不适用

从适用度的评价结果可以看出，飞轮储能、超级电容器、锂离子电池较为适用于功率型应用场景，铅炭电池、液流电池、钠硫电池一般性适用于功率型应用场景，抽水蓄能、压缩空气储能、氢储能和热储能不适用于功率型应用场景，雷达图如图 3.17 所示。

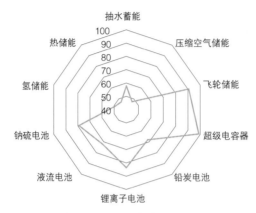

图 3.17　功率型场景下各种储能技术适用度雷达图

根据不同储能技术发展现状和不同应用场景对储能技术的需求，从技术性、安全性、经济性三个维度，持续放电时间、效率、响应时间、成本水平等共十项指标入手进行综合评价，为不同应用场景匹配适合的储能技术，如图 3.18 所示。超短时储能适合采用超级电容器、飞轮储能、锂离子电池等；短时储能适合采用抽水蓄能、压缩空气储能、电化学电池等；长期储能适合采用氢储能、压缩空气（洞穴式）储能等。

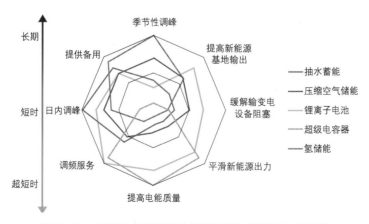

图 3.18　不同应用场景下各种储能技术适用度雷达图

3.4 典型场景配置

在不同应用场景下配置储能，需要具体分析该场景下的技术需求，综合考虑新能源出力特性、负荷特性、电网特性及要求等因素，提出合理的配置方法，为未来高比例清洁能源场景下的储能需求提供依据。

3.4.1 电源侧

1. 平滑新能源出力

平滑新能源出力波动属于短时应用场景。在新能源电站配置储能，当新能源出力波动超出限值时，储能吸收或释放电能，降低新能源出力的波动幅度。以平滑风电出力为例，具体配置过程中，应配合应用目标对风电场典型功率数据样本进行分析，确定储能系统的功率和容量。

功率配置，以 1min/10min 风电场有功功率变化限值为平滑目标，计不同时间尺度下风电场波动限值为 P_{Lim}，据式（3-2）和式（3-3）计算风电在不同时间尺度下的波动幅值 ΔP_k，其中 P_w^k 为 k 时刻风电的输出功率，$P_{out}^{k-n\Delta t}$ 为不同时间尺度下风电与储能系统的联合并网功率。

$$\Delta P_k = \begin{cases} M_1, |M_1| > |M_2| \\ M_2, |M_1| < |M_2| \end{cases} \tag{3-2}$$

$$\begin{cases} M_1 = P_w^k - \min(P_{out}^{k-n\Delta t}, \cdots, P_{out}^{k-\Delta t}) \\ M_2 = P_w^k - \max(P_{out}^{k-n\Delta t}, \cdots, P_{out}^{k-\Delta t}) \end{cases} \tag{3-3}$$

判断若 $|\Delta P_k| \leqslant P_{Lim}$，说明 k 时刻风电波动满足波动限值要求，储能不动作，储能系统并网功率 $P_{BESS}^k = 0$；若 $\Delta P_k > P_{Lim}$，说明 k 时刻风电上升速度较快，波动幅度大于限值，需要储能系统充电来削弱风电波动，储能系统并网功率为

$$P_{BESS}'^k = -(\Delta P_k - P_{Lim}) \tag{3-4}$$

若 $\Delta P_k - P_{Lim}$，说明 k 时刻风电下降速度较快，波动幅度大于限值，需要储能系统放电来削弱风电波动，储能系统并网功率为

$$P_{BESS}'^{k} = -\Delta P_k - P_{Lim} \qquad (3-5)$$

结合考虑储能系统的充放电效率，则

$$P_{BESS}^{k} = \begin{cases} P_{BESS}'^{k} \gamma_{ch}^{k}, & P_{BESS}'^{k} < 0 \\ P_{BESS}'^{k} / \gamma_{disch}^{k}, & P_{BESS}'^{k} > 0 \end{cases} \qquad (3-6)$$

式中：$P_{BESS}'^{k}$ 为 k 时刻储能系统的并网功率；P_{BESS}^{k} 为 k 时刻储能的功率容量；γ_{ch}^{k} 为 k 时刻储能系统的充电效率；γ_{disch}^{k} 为 k 时刻储能系统的放电效率。

在得到各时刻储能的功率容量后，对功率容量数据进行概率统计，根据储能的应用要求设定置信度为 $1-\alpha$ 的置信区间，选取置信区间内储能功率容量的最大值为储能的额定功率，则

$$P_{rate} = \max \left(\left| P_{BESS}^{1} \right|, \left| P_{BESS}^{2} \right|, \cdots, \left| P_{BESS}^{n} \right| \right) \qquad (3-7)$$

$$P(-P_{rate}^{k} \leqslant P_{BESS}^{k} \leqslant P_{rate}^{k}) \geqslant 1-\alpha \qquad (3-8)$$

储电量配置，计储能工作过程中的能量状态 SOC 的允许范围为 $[SOC_{min}, SOC_{max}]$，SOC 初始值为 SOC_0，k 时刻储能 SOC 值为 SOC_k，则

$$SOC_k = SOC_0 - \frac{\int_0^{k \cdot \Delta T} P_{BESS}^{k} \mathrm{d}t}{E_{rate}} \qquad (3-9)$$

式中：P_{BESS}^{k} 为 k 时刻储能的功率容量，储能放电时 $P_{BESS}^{k} > 0$；ΔT 为控制指令周期。

储能系统工作过程中 SOC 曲线示意图如图 3.19 所示。

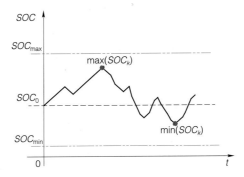

图 3.19 储能系统工作过程中 SOC 曲线示意图

在储能系统工作过程中，各时刻储能能量状态 SOC 均处于允许范围 $[SOC_{\min}, SOC_{\max}]$，则

$$
\begin{cases}
\max(SOC_k) \leqslant SOC_{\max} \\
\min(SOC_k) \geqslant SOC_{\min}
\end{cases}
\tag{3-10}
$$

将式（3-9）代入式（3-10），得

$$
\begin{cases}
\max\left(SOC_0 - \dfrac{\int_0^{k \cdot \Delta T} P_{\mathrm{BESS}}^k \mathrm{d}t}{E_{\mathrm{rate}}}\right) \leqslant SOC_{\max} \\[4mm]
\min\left(SOC_0 - \dfrac{\int_0^{k \cdot \Delta T} P_{\mathrm{BESS}}^k \mathrm{d}t}{E_{\mathrm{rate}}}\right) \geqslant SOC_{\min}
\end{cases}
\tag{3-11}
$$

联立式（3-10）和式（3-11），得

$$
\begin{cases}
E_{\mathrm{rate}} \geqslant \dfrac{-\max\left(\int_0^{k \cdot \Delta T} P_{\mathrm{BESS}}^k \mathrm{d}t\right)}{SOC_{\max} - SOC_0} \\[4mm]
E_{\mathrm{rate}} \geqslant \dfrac{\min\left(\int_0^{k \cdot \Delta T} P_{\mathrm{BESS}}^k \mathrm{d}t\right)}{SOC_0 - SOC_{\min}}
\end{cases}
\tag{3-12}
$$

储能储电量将取满足要求前提下的最小容量，即满足式（3-12）联立结果的最小值，即

$$
E_{\mathrm{rate}} = \max\left\{ \frac{-\max\left(\int_0^{k \cdot \Delta T} P_{\mathrm{BESS}}^k \mathrm{d}t\right)}{SOC_{\max} - SOC_0}, \frac{\min\left(\int_0^{k \cdot \Delta T} P_{\mathrm{BESS}}^k \mathrm{d}t\right)}{SOC_0 - SOC_{\min}} \right\}
\tag{3-13}
$$

　　　　　　平滑新能源出力场景配置案例

　　某风电场装机容量为 100MW，1、10min 有功功率波动率概率分布见表 3.11 和表 3.12。

表 3.11　风电场 1min 有功功率波动率概率分布

波动率（%）	0.24	2	5	10	≥ 10
概率（%）	49.13	92.51	99.51	99.92	0.08

表 3.12　风电场 10min 有功功率波动率概率分布

波动率（%）	0.84	2	10	33.3	≥ 33.3
概率（%）	46.83	68.04	97.84	99.85	0.15

　　设数据采样时间间隔为 1min，结合控制目标中 1min 的功率波动限值，取平滑控制的指令周期为 1min，储能系统的充放电效率为 95%，置信度取 98%，SOC 工作范围取 $[0.1，0.9]$，SOC 初值定义为 0.5。

　　采用上述储能配置方法，需要配置 20MW/20MWh 储能系统，功率容量约为风电装机容量的 20%，持续放电时间约为 1h，典型时段的储能系统出力及平滑效果如图 3.20 所示，该场景下，储能系统处于小功率频繁充放电状态。

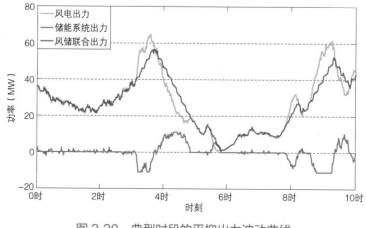

图 3.20　典型时段的平抑出力波动曲线

2. 跟踪发电计划

电力调度机构一般会根据风电场、光伏电站的日前功率预测数据来制订风电、光伏的出力计划，但因为风电和光伏发电具有较强的随机性，实际出力与基于预测功率制订的计划出力存在一定的偏差。储能系统的灵活充放电能力，可以增加可再生电源发电输出功率的准确性，提高新能源的并网能力。当新能源发电实际出力大于计划允许偏差上限时，储能系统充电；当新能源发电实际出力小于计划允许偏差下限时，储能系统放电，使得新能源发电和储能系统联合出力在允许的偏差范围内，实现新能源发电对调度计划的精确跟踪，促进新能源发电并网。该场景下的原理示意图如图 3.21 所示。

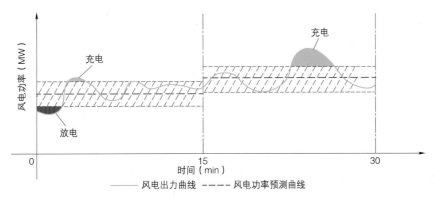

图 3.21　储能系统跟踪计划出力场景原理示意图

功率和储电量配置，计新能源发电 P_{re}^{k} 跟踪调度计划出力 P_{goal}^{k} 的允许偏差为 P_{Lim}，允许偏差一般取新能源额定功率的百分比，即 $P_{Lim}=P_{re}^{rate} \cdot \eta$。当 $|P_{re}^{k}-P_{goal}^{k}| \leqslant P_{Lim}$ 时，说明 k 时刻风电出力与计划出力偏差满足允许偏差，储能不动作，储能系统并网功率 $P_{BESS}^{\prime k}=0$。当 $P_{re}^{k}-P_{goal}^{k} \geqslant P_{Lim}$ 时，说明风电出力较大，超出允许偏差上限，储能充电，储能系统并网功率为 $P_{BESS}^{\prime k}=-(P_{re}^{k}-P_{goal}^{k}-P_{Lim})$。当 $P_{re}^{k}-P_{goal}^{k} \leqslant -P_{Lim}$ 时，说明风电出力较小，超出允许偏差下限，储能放电，储能系统并网功率为 $P_{BESS}^{\prime k}=-P_{Lim}-(P_{re}^{k}-P_{goal}^{k})$。在得到各时刻储能系统并网功率 $P_{BESS}^{\prime k}$ 的基础上，进而可以得到各时刻储能的功率容量 P_{BESS}^{k}、储能的额定功率 P_{rate} 以及储能的能量，方法同平滑新能源出力波动场景。

专栏 3.3　　　　**跟踪发电计划场景配置案例**

　　某光伏电站装机容量为 50MW，基于历史数据，该光伏电站跟踪计划出力偏差概率分布见表 3.13。

表 3.13　跟踪计划出力偏差概率分布

出力偏差与装机容量的占比（%）	< 2	< 5	< 10	< 15	< 20	< 25	≥ 25
概率（%）	55.10	66.25	75.52	81.56	86.98	91.15	8.85

　　设光伏电站装机容量的 5% 为跟踪偏差，数据采样时间间隔为 15min，跟踪控制的指令周期为 15min，取储能系统的充放电效率为 95%，置信度取 98%，SOC 工作范围取 $[0.1，0.9]$，SOC 初值定义为 0.5。

　　采用上述储能配置方法，计算得到需要配置约 10MW/25MWh 储能系统，功率容量约为光伏装机容量的 20%，持续放电时间约为 2.5h，典型时段的储能系统出力及跟踪效果如图 3.22 所示，储能系统处于较为频繁的充放电状态。

图 3.22　典型时段的跟踪计划出力曲线

3. 提高电源送出能力

对于风电、光伏等新能源电站，其出力往往很难达到装机容量的 100%。如果按照其装机容量配套建设送出通道，将造成输变电设备的极大浪费。因此，新能源发电站的配套送出通道容量往往小于其装机容量。在这种情况下，当新能源发电出力大于送出通道容量时，就不可避免地产生弃风或弃光现象。通过在新能源电站配置储能，可以有效解决这一问题。当新能源出力大于送出通道容量时，通过储能系统将无法送出的电能储存起来，在通道空闲时，再将储存起来的电能送出，达到减少弃风弃光和提高通道利用小时数的目的。

新能源发电送出通道容量一般为新能源装机容量的 70%，当新能源发电出力大于送出通道容量时，储能系统充电，输电通道空闲时，储能系统适时放电，该场景下的原理示意图如图 3.23 所示。

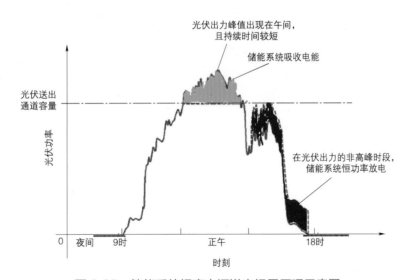

图 3.23　储能系统提高电源送出场景原理示意图

功率和储电量配置， 计新能源发电出力为 P_{re}^k，送出通道容量为 P_{Lim}，当 $P_{re}^k \geq P_{Lim}$ 时，储能充电，储能系统并网功率为 $P_{BESS}^{\prime k}=-(P_{re}^k-P_{Lim})$。在得到各时刻储能系统并网功率 $P_{BESS}^{\prime k}$ 后，进而可以得到各时刻储能的功率容量 P_{BESS}^k、储能的额定功率 P_{rate} 以及储能的能量容量，方法同平滑新能源出力波动场景。

提高电源送出能力场景配置案例

　　某光伏电站装机容量为 30MW。通过储能系统存储光伏电站高发时段被限发的电量。

　　该光伏电站送出通道容量为 20MW，数据采样时间间隔为 1min，取储能系统的充放电效率为95%，置信度取98%，SOC 工作范围取 [0.1, 0.9]，SOC 初值定义为 0.1。

　　采用上述储能配置方法，需要配置的储能容量约为 8MW/40MWh，功率容量约为光伏装机容量的 25%，持续放电时间约为 5h，典型时段的储能系统出力及控制效果如图 3.24 所示，该场景下，储能系统每天一充一放，持续充放电时长约为数小时。

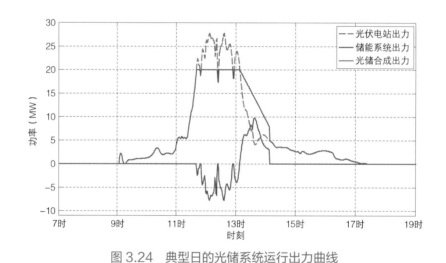

图 3.24　典型日的光储系统运行出力曲线

3.4.2 电网侧

1. 缓解输变电阻塞

缓解输变电设备阻塞是储能在电网侧典型的短时间尺度应用。在电网负荷高峰时段，输变电设备承载的潮流水平提高，部分设备可能出现重载或过载情况。利用合理配置的储能系统来缓解输变电设备过载，可以提高设备利用效率或为输变电设备改造升级提供缓冲时间。

功率和储电量配置，在输变电设备负荷高峰时段，计输变电设备负荷为 P_{load}^{k}，设备容量为 P_{Lim}，当 $P_{load}^{k} \geq P_{Lim}$ 时，储能系统放电，储能系统并网功率为 $P'^{k}_{BESS}=(P_{load}^{k}-P_{Lim})$；当 $P_{load}^{k} < P_{Lim}$ 时，储能系统充电，充电功率较为灵活。在得到各时刻储能系统并网功率 P'^{k}_{BESS} 后，进而可以得到各时刻储能系统的功率容量 P'^{k}_{BESS}、额定功率 P_{rate} 以及储能系统的能量容量，方法同平滑新能源出力波动场景。

专栏 3.5   **缓解输变电阻塞场景配置案例**

某变压器容量约为低压侧所带最大有功负荷的 85%。为确保供电可靠，需要在设备的受电侧配置储能。在负荷高峰时段储能放电，低谷时段充电。

采用上述储能配置方法，需要配置的储能功率容量约为最大有功负荷的 15%，持续放电时间约为 2h，典型时段的储能系统出力及控制效果如图 3.25 所示。

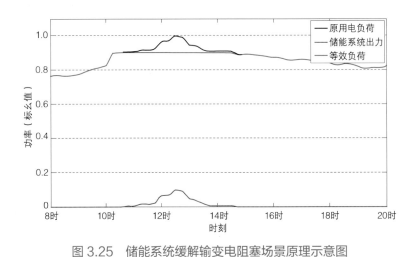

图 3.25　储能系统缓解输变电阻塞场景原理示意图

2. 提高系统稳定性

当电力系统发生扰动（如短路故障）时，发电机电磁功率无法正常送出，发电机转子不断加速，造成系统暂态失稳。如果在靠近发电机的枢纽节点配置储能，利用储能在超短时尺度的快速响应能力，在系统发生扰动时快速充电以吸收发电机无法送出的富余有功功率，同时发出无功功率支撑枢纽点电压，可以提高系统扰动后发电机转子首摆的暂态稳定性。当故障切除后，储能再放出吸收的能量，通过储能的超短时电能时移能力实现系统的暂态稳定。该场景下的原理示意图如图 3.26 所示。

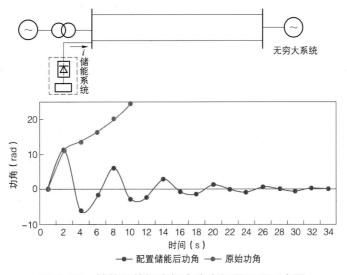

图 3.26　储能系统提高暂态稳定场景原理示意图

功率和储电量配置，当电力系统发生扰动时，计发电机出力为 P^k_{power}，系统的送出能力为 P^k_{sys}，当 $P^k_{\text{power}} \geqslant P^k_{\text{sys}}$ 时，储能系统充电，储能系统并网功率为 $P'^k_{\text{BESS}} = -(P^k_{\text{power}} - P^k_{\text{sys}})$；当 $P^k_{\text{power}} < P^k_{\text{sys}}$ 时，储能系统放电，充电功率较为灵活。在得到各时刻储能系统并网功率 P'^k_{BESS} 后，进而可以得到各时刻储能系统的功率容量 P^k_{BESS}、额定功率 P_{rate} 以及储能系统的能量容量。

3.4.3 用户侧

1. 削峰填谷

储能系统在电力系统负荷低谷时段充电，在电力系统负荷高峰时段放电，通过用户侧广域布局的储能系统的短时电能时移能力实现系统日负荷的削峰填谷，该场景下的原理示意图如图 3.27 所示。

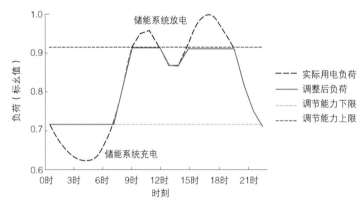

图 3.27　用户侧储能系统削峰填谷场景原理示意图

专栏 3.6　　　　　　　**削峰填谷场景配置案例**

　　某地区电网最大日负荷约 500MW，系统的日最大、最小调峰能力分别约为 400、300MW。为保证电网日发电负荷平衡，该系统需要用户侧储能在负荷高峰时段对系统放电，低谷时段对系统充电。

　　取储能系统的充放电效率为 95%，置信度取 98%，SOC 工作范围取 $[0.1，0.9]$，SOC 初值定义为 0.3。

　　采用上述储能配置方法，需要配置的储能系统功率为 90MW（约为系统最大负荷的 20%），持续放电时间约为 4h。该场景下，典型时段控制效果如图 3.28 所示。

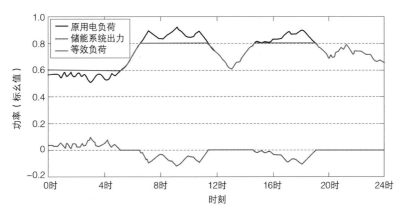

图 3.28　典型日用户侧储能系统削峰填谷运行曲线

　　功率和储电量配置，计电力系统的典型日负荷为 P_{load}^{k}，系统的日最大、最小调峰能力为 $P_{\text{adjust}}^{\max}$、$P_{\text{adjust}}^{\min}$。当 $P_{\text{load}}^{k} \geqslant P_{\text{adjust}}^{\max}$ 时，储能系统放电，储能系统并网功率为 $P_{\text{BESS}}'^{k}=P_{\text{load}}^{k}-P_{\text{adjust}}^{\max}$；当 $P_{\text{load}}^{k} \leqslant P_{\text{adjust}}^{\min}$ 时，储能系统充电，储能系统并网功率为 $P_{\text{BESS}}'^{k}=-(P_{\text{adjust}}^{\min}-P_{\text{load}}^{k})$。在得到各时刻储能系统并网功率 $P_{\text{BESS}}'^{k}$ 后，进而可以得到各时刻储能系统的功率容量 P_{BESS}^{k}、额定功率 P_{rate} 以及储能系统的能量容量。

2. 需求响应

　　用电需求反映人类社会经济活动的规律，不仅在日内的短时尺度上存在高峰—低谷的波动，在长期尺度上也存在季节性的变化。

　　通过配置储能系统，在季节性大负荷时段放电，在季节性小负荷时段充电，可以利用大容量储能的长时间电能时移能力实现用电负荷的长期需求侧响应。该场景下的原理示意图如图 3.29 所示。

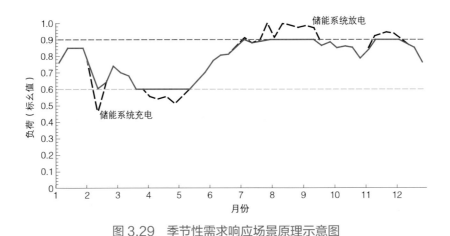

图 3.29　季节性需求响应场景原理示意图

　　功率和储电量配置，计电力系统年负荷为 P_{load}^{k}，系统的年最大、最小调峰能力为 $P_{\text{adjust}}^{\max}$、$P_{\text{adjust}}^{\min}$。当 $P_{\text{load}}^{k} \geqslant P_{\text{adjust}}^{\max}$ 时，储能系统持续放电，储能系统并网功率为 $P_{\text{BESS}}'^{k}=P_{\text{load}}^{k}-P_{\text{adjust}}^{\max}$；当 $P_{\text{load}}^{k} \leqslant P_{\text{adjust}}^{\min}$ 时，储能系统持续充电，储能系统并网功率为 $P_{\text{BESS}}'^{k}=-(P_{\text{adjust}}^{\min}-P_{\text{load}}^{k})$。在得到各时刻储能系统并网功率 $P_{\text{BESS}}'^{k}$ 后，进而可以得到各时刻储能系统的功率容量 P_{BESS}^{k}、额定功率 P_{rate} 以及储能系统的能量容量。

专栏 3.7　　　**需求响应场景配置案例**

　　某区域电网的年最大、最小调峰能力分别为最大负荷的 95% 和 55%。为保证电网季节性发电负荷平衡，该系统需要用户侧长期储能在负荷高峰时段对系统持续放电、低谷时段对系统持续充电。

　　取储能系统的充放电效率为 95%，置信度取 98%，SOC 工作范围取 [0.1，0.9]，SOC 初值定义为 0.5。

　　采用上述储能配置方法，需要配置的储能系统功率约为系统最大负荷的 3%，持续放电时间约为 1700h。该场景下，典型时段控制效果如图 3.30 所示。

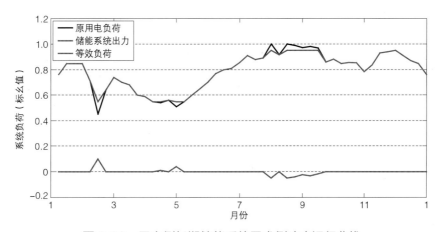

图 3.30　用户侧长期储能系统需求侧响应运行曲线

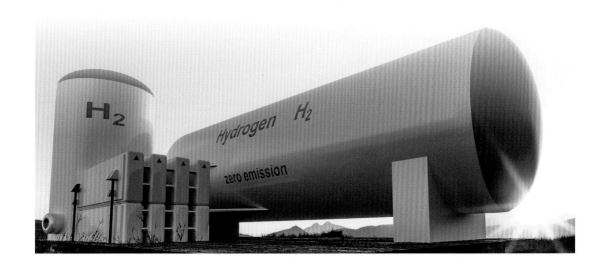

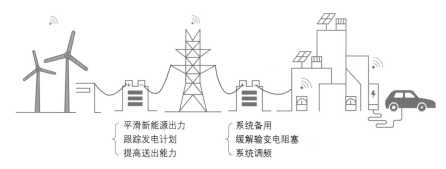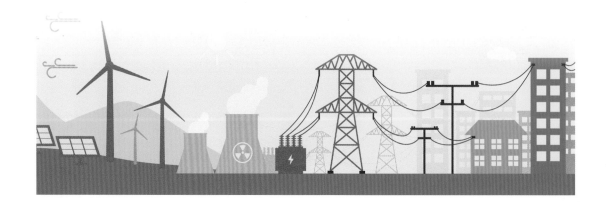

3.4.4　小结

　　依据不同应用场景下储能的配置方法，可以根据目标年的新能源装机规模、出力特性、负荷水平估算每种场景下的储能需求，这是一种局部的、微观的分析手段。逐一分析每种应用场景对储能的需求并直接累加，预计到 2050 年，全球能源互联网对储能的功率总需求将高达 8～12TW。在实际应用中，储能设备可以承担多种功能，满足多种需求，例如在风电场配置锂离子电池储能，既可以平滑出力波动，也可以为系统提供日内调峰能力，如图 3.31 所示。因此，通过各个应用场景的需求简单累加，将高估能源系统实际的储能需求。需要建立一种整体的、宏观的研究方法，对储能需求进行统筹优化分析。

图 3.31　储能系统承担多种功能示意图

3.5 需求总量优化研究

　　储能需求是对其功率、持续放电时间、成本等因素的复杂组合，因此，对功能区别较大的短时储能（提供功率调节能力）和长期储能（提供能量调节能力）分别建模，采用全年逐小时生产模拟，放开新能源和储能装机条件，采用线性优化算法量化计算系统储能需求。依据满足设定目标的优化结果，可以提出支撑能源转型需求的储能技术及经济性发展目标。

3.5.1 优化方法

　　利用时序生产模拟工具，在确保供电充裕度的前提下，以系统综合用电成本最低为优化目标，定量分析系统对储能的实际需求。首先根据已有研究基础确定各类输入参数；其次以确保用电可靠性为前提，结合各类电力、电量平衡的约束，以综合度电成本最低为优化目标，采用混合整数线性规划进行建模，优化系统 8760 逐小时的运行过程；最终得出满足平衡要求的最优储能装机容量、新能源装机容量优化结果，计算相应的新能源利用率和系统综合度电成本等参数。储能需求总量分析流程如图 3.32 所示。

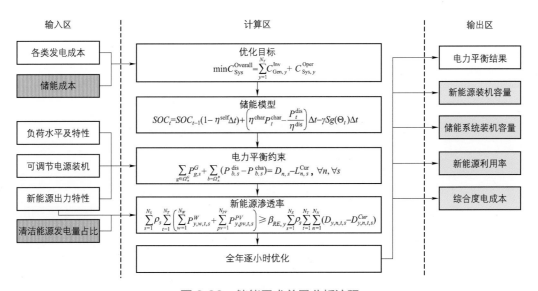

图 3.32　储能需求总量分析流程

3.5.2 情景设置

系统综合用电成本与不同电源建设成本、储能建设成本、设备利用率等因素密切相关。本报告着重分析储能对系统综合用电成本的影响，在假定电源建设成本变化趋势相同的情况下，根据储能成本不同的发展趋势，设立三种情景对比分析不同水平年下的系统对储能的需求。三种情景的边界条件见表 3.14。

表 3.14　三种情景的边界条件

三种情景	情景 1： 当前政策延续	情景 2： 广泛实施 V2G	情景 3： 广泛 V2G+ 氢能利用
情景特点	储能技术发展缓慢，成本下降幅度小，储能在系统中的应用较少	短时储能成本快速下降。在情景 1 的基础上电动汽车保有量明显增长，带动电化学电池成本下降，完善的基础设施支撑 V2G 的广泛实施	短时储能、长期储能成本快速下降。在情景 2 的基础上，氢能在终端利用比率提升，电制氢、储氢、氢发电成本快速下降
短时储能 * 成本（锂离子电池，美元 / kWh）	2035 年：250； 2050 年：200； 2070 年：170	2035 年：150； 2050 年：100； 2070 年：75	2035 年：150； 2050 年：100； 2070 年：75
长期储能 * 成本（电—氢—电，美元 / kWh）	2035 年：15； 2050 年：10； 2070 年：8	2035 年：15； 2050 年：10； 2070 年：8	2035 年：8； 2050 年：5； 2070 年：3
电动汽车参与 V2G比例	2035 年：5%； 2050 年：10%； 2070 年：20%	2035 年：20%； 2050 年：70%； 2070 年：90%	2035 年：20%； 2050 年：70%； 2070 年：90%
电制氢年产量（万 t）	2035 年：1000； 2050 年：3000； 2070 年：4500	2035 年：1000； 2050 年：3000； 2070 年：4500	2035 年：5000； 2050 年：15 000； 2070 年：25 000

* 短时储能、长期储能的持续放电时间分别按 6、720h 考虑。

1. 情景1：当前政策延续情景

按照当前各类储能技术水平、经济性及应用规模的发展趋势进行外推，电力系统中的大规模储能仍然以抽水蓄能为主；以锂离子电池为代表的电化学储能发展缓慢，成本下降趋势减缓；氢能在终端仅有小规模示范性应用，电制氢、储氢等环节的转化效率维持不变，设备成本下降缓慢。

2. 情景2：广泛车网互动（V2G）情景

相对于情景1，在各国相应政策支持下，全球电动汽车产业发展迅速，带动以锂离子电池为代表的电化学储能成本快速下降；以智能充电桩为代表的车电互动（Vehicle to Grid，V2G）基础设施广泛应用，大量电动汽车实现车网互动，成为低边际成本的储能设备。

3. 情景3：广泛车网互动 + 氢能利用情景

相对于情景2，氢能在能源消费终端的应用更加广泛，带动电制氢、储氢、氢能利用技术快速成熟，成本迅速下降，以电制氢、电转气技术为桥梁，电力系统与燃气系统实现互联互通。氢储能成为长期大容量储能的首选技术。

3.5 需求总量优化研究

3.5.3 结果分析

以东亚为例进行测算，在 2035、2050、2070 年三个水平年下，对比三种情景中新能源发电和储能经优化配置后的新能源装机容量、储能装机容量、新能源利用率及综合度电成本，分析系统对储能的需求。

从年时间尺度看，东亚净负荷呈现夏季小、冬季大的特点，长期储能在夏季将富余电力存储，在冬季放电，如图 3.33 所示；从周时间尺度看，受光伏白天发电的影响，系统净负荷白天大、傍晚小，短时储能每天循环一次，如图 3.34 所示。

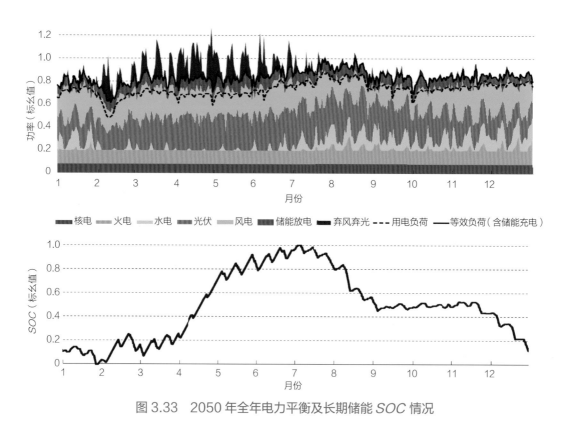

图 3.33　2050 年全年电力平衡及长期储能 *SOC* 情况

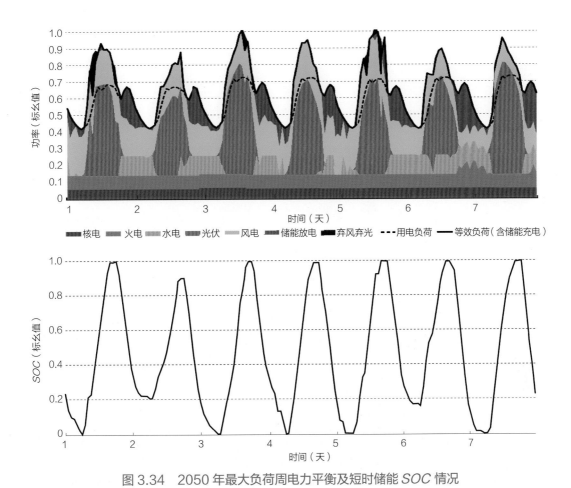

图 3.34　2050 年最大负荷周电力平衡及短时储能 *SOC* 情况

1.　2035 年——新能源渗透率 35%

　　传统调节能力有所降低，但基本能够满足系统需求，三种情景的优化结果相近。风、光装机容量在三种情景中相同，主要作用是提供电量满足新能源发电量占比的要求。如图 3.35 所示，情景 1 仅配置了 343GW 的短时储能，新能源利用率为 72%。情景 2 和情景 3 中配置了 514GW 的短时储能，这些短时储能为系统提供了功率调节能力，因此相对情景 1，新能源利用率从 72% 提高到了91%，综合用电成本有所下降，从 6.98 美分 / kWh 降低到了 6.42 美分 / kWh。

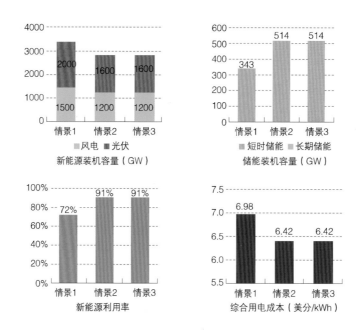

图 3.35　2035 年东亚储能装机容量、新能源利用率和用电成本

2. 2050 年——新能源渗透率 55%

传统调节能力下降明显，不能满足系统需求，如果不配置足够的储能作为新的调节能力来源，需要大量增加风、光装机容量，并以弃风、弃光为代价来确保系统供电的可靠性。如图 3.36 所示，情景 1 中配置了 620GW 的短时储能和 40GW 的长期储能；风、光装机容量最大，新能源利用率仅为 44%。情景 2 中，短时储能配置 990GW，为系统提供了充足的功率调节能力；新能源装机容量减少，利用率提高至 68%。情景 3 中，除配置短时储能外，长期储能装机容量达到 260GW，能量调节能力也得到满足，新能源利用率最高，约 90%，综合用电成本最低，约 6 美分 / kWh。

相对 2035 年的情况，情景 1 由于新能源利用率下降明显，综合用电成本快速上升至 8.1 美分 / kWh。情景 2 和情景 3 中，储能系统发挥了相应的作用，综合用电成本有所降低，情景 2 下降至 6.4 美分 / kWh，情景 3 下降至 6 美分 / kWh。

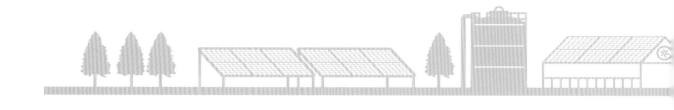

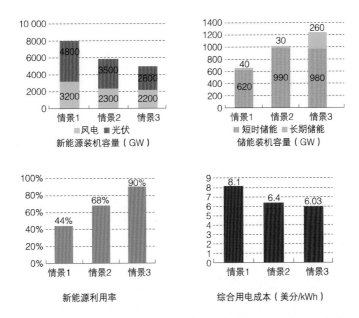

图 3.36　2050 年东亚储能装机容量、新能源利用率和用电成本

3. 2070 年——新能源渗透率 80%

　　传统调节能力远远无法满足系统需求，需要大量配置短时储能与长期储能共同提供调节能力，确保系统运行。如图 3.37 所示，情景 1 中短时储能和长期储能配置量最少，分别为 920GW 和 220GW；新能源装机容量最大，弃风弃光明显，新能源利用率仅为 34%。情景 2 中短时储能配置相对充足，约 2510GW，长期储能较少，约 210GW；新能源装机容量明显降低，利用率提高至 56%。情景 3 中同时配置了短时 + 长期储能，分别为 1450GW 和 1640GW，功率和能量调节能力均较好，由于长期储能配置充足，对短时储能的需求相对情景 2 有所降低；新能源装机容量最少，利用率最高，约 83%，综合用电成本最低，为 5.2 美分 / kWh。

　　相对于 2035、2050 年的情况，只有情景 3 仍能保持综合用电成本继续下降，最终下降至为 5.2 美分 / kWh。情景 2 综合用电成本先下降再上升。情景 1 的综合用电成本继续快速上升至 11.7 美分 / kWh。

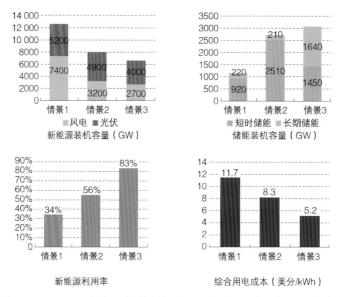

图 3.37　2070 年东亚储能装机容量、新能源利用率和用电成本

4. 相关结论

根据以上对比分析,**储能总量需求和配置结构与能源清洁转型程度密切相关**。随着新能源渗透率的提高,系统对储能总量的需求越来越大,对储能技术的需求也越来越复杂。应用同样的方法对全球其他区域进行计算和综合分析,结果表明:

新能源渗透率在 20% 以下时,由于预设的新能源发电成本低于火电、核电等常规电源,随着渗透率增加,系统平均用电成本逐渐下降。

新能源渗透率达到 20% 时,新能源利用率降至 85%～95%(不同地区结果不同),若继续提高新能源渗透率,新能源利用率还将继续下降,系统平均度电成本将快速上升。配置功率为系统最大负荷 2%～5% 的短时储能,提高系统的功率调节能力,新能源利用率得以提高,系统度电成本继续下降。

新能源渗透率达到 50% 时,随着渗透率的提高,系统对长时储能的需求也越来越大,仅配置短时储能无法满足系统调节性需求,应增加配置长期储能作为跨季节的能量调节手段,短时 + 长期储能的功率为最大负荷的 30%～40%,储电量为系统年用电量的 0.5%～2%。

新能源渗透率超过 **80%** 时，再继续提高渗透率，即使配置足够的长期储能，平均度电成本仍将上升，主要原因是电—气（氢或甲烷）—电这类长期储能技术成本较高、年利用率低，并且涉及两次能源转化，储能过程的损耗大（超过50%）。因此，在发展常规储能的同时，需要依托"电转气"等技术沟通电力系统与其他能源系统，统筹优化整个能源互联网的调节能力资源，形成广义储能系统。

随着能源系统清洁化转型，储能体系的发展演化进程如图 3.38 所示，不同渗透率下的实线是采用优化模型计算得到的最优储能配置方案下对应的新能源利用效率和系统综合用电成本。

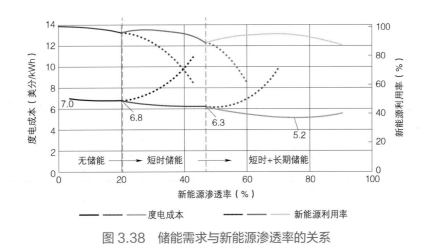

图 3.38　储能需求与新能源渗透率的关系

储能成本与清洁能源发电成本下降对推动能源清洁转型至关重要。 只有储能技术不断成熟、成本下降，才能实现综合度电成本随新能源渗透率的提高而持续下降，推动能源系统清洁转型不断深入。在能源转型的不同阶段需要各类储能成本下降到相应程度，即未来储能技术发展的经济性目标。结合全球各区域情况综合分析，新能源渗透率达到 20%~50% 时，系统对短时储能的需求较大，短时储能的成本需要下降 60%~80%，降至 120~150 美元 / kWh（按6h 计）；新能源渗透率达到 50% 后，在短时储能成本下降的基础上，长期储能的成本也要大幅下降，降至 5~8 美元 / kWh（按 720h 计）；新能源渗透率超过 80% 后，需要基于"电转气"技术实现跨品种的能源优化利用，减少能源多次转化过程中的损耗，提高经济性。

3.5.4　系统配置方案

按照前文所述分析方法，经分析测算，2050 年全球储能需求约 4.1TW（约 500TWh），见表 3.15。

表 3.15　2050 年全球各洲储能需求情况

区域	欧洲	非洲	北美	中南美	亚洲 *
新能源渗透率（%）	65	38	50	43	61
储能装机容量（TW）	0.43	0.21	0.62	0.07	2.77
占最大负荷比例（%）	30	30	39	12	44
储电量（TWh）	135	1.23	160.5	0.43	204.1
占年用电量比例（%）	1.6	0.03	1.8	0.01	0.5

* 亚洲按照东亚、东南亚、南亚、中亚、西亚五个区域分别计算后总计。

其中，北美、欧洲净负荷长期波动较大，如图 3.39 所示，需要更多的长期储能，因此储电量占年用电量比例明显高于其他洲，分别达到 1.8% 和 1.6%；北美光伏装机容量较多，净负荷短时尺度波动较大，因此对短时储能的需求也较大，储能装机需求达到最大负荷的 39%。

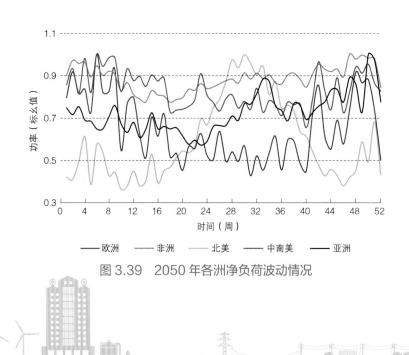

图 3.39　2050 年各洲净负荷波动情况

非洲和中南美新能源渗透率相对较低，净负荷波动主要体现在短时尺度，特别是非洲，光伏装机占比大，需要大量短时储能减少弃光，储能装机需求约为最大负荷的 30%；中南美洲水电资源丰富，为系统提供充足的调节能力，因此储能装机需求最小，仅占最大负荷的 12%。

亚洲幅员辽阔，内部各区域特点各异，东亚、南亚季风型气候明显，风电出力的季节性波动较大，因此需要配置较多长期储能；西亚、中亚光伏装机占比高，且外送电力流较大，对短期储能需求较高；东南亚水电资源丰富，调节能力充足，对储能需求较少。

在储能总量需求分析的基础上，根据不同储能的技术特点和发挥的功能，依据不同应用场景储能优化配置方法进行测算。

预计到 2050 年，**短时储能**主要配置在调频、日内调峰、应急备用、缓解阻塞、提高电能质量等应用场景，提供功率调节能力，约占全部储能装机容量的 92%，储电量仅占 5% 左右。**长期储能**主要配置在季节性调峰和长期需求侧响应等场景，主要提供能量型调节能力，功率仅占 8% 左右，储电量约占 95%。如图 3.40 和图 3.41 所示。

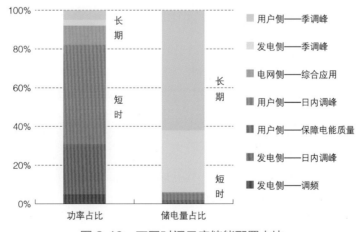

图 3.40　不同时间尺度储能配置占比

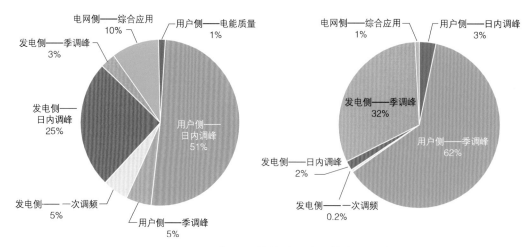

图 3.41　不同场景下储能的功率及储电量占比

3.6　技术经济目标

当前，除抽水蓄能外，储能技术在技术水平和经济性上，距离大规模实用化还有一定的差距，在电力系统中的应用也较少。随着能源清洁转型的深入，系统对储能的需求将越来越迫切。如果储能技术不能取得相应的突破和进展，将直接推高清洁能源转型的成本。以 2050 年实现清洁能源发电占比达到 80%（其中风、光发电占比达到 55%）、综合用电成本相对当前水平持续下降为目标，综合开展场景和需求总量分析，经过优化测算，提出支撑能源清洁转型的技术性指标和经济性指标。

2035 年前，电力系统对短时储能的需求迫切，使用寿命要达到 15 年以上，循环次数达到 7000 次以上，转换效率达到 80% 以上，能量成本降至 200 美元 / kWh 以下。随着新能源渗透率的提高，系统对长期储能的需求逐渐显现，主要用于季节性调峰和长期需求响应等场景。长期储能的使用寿命要达到 15～20 年以上，转换效率达到 50%，能量成本降至 10 美元 / kWh 以下。

2050 年前，各类储能在电力系统中广泛配置。短时储能使用寿命达到 15～20 年，循环次数达到 8000 次以上，转换效率达到 80% 以上，能量成本降至 120 美元 / kWh 以下。长期储能的使用寿命要达到 25 年以上，转换效率达到 60%，能量成本降至 7 美元 / kWh 以下。

4

发展路线图

为了满足未来能源清洁转型中储能总量、技术、成本及配置的需求，本章从影响储能大规模发展的储能本体技术、系统集成与装备技术、应用规划技术、运行控制技术及系统评价与标准五个方面提出了储能系统 2035、2050 年的阶段性发展目标、面临的技术难点及分阶段的研究规划和优先行动计划。

4.1　本体技术

4.1.1　发展目标

未来，储能本体将继续向提升装置系统效率、安全、寿命，降低成本的方向发展和演进，其中电化学储能着力提高循环寿命、安全性，压缩空气、氢储能重点提高转换效率和储气密度。根据本报告 3.5 节的研究，伴随能源系统清洁转型，新型储能将发挥越来越重要的作用，应用场景不断增多，配置规模不断扩大，按照不增加全系统综合用电成本的要求，经过优化计算，提出了各类储能技术的发展目标水平。

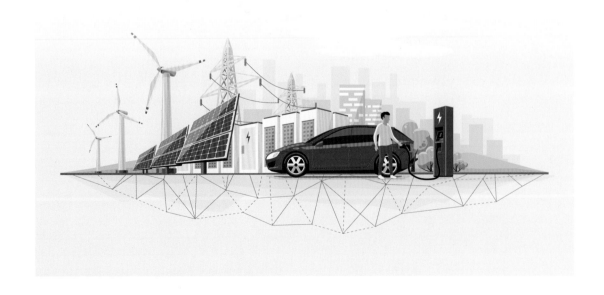

2035 年，储能在电力系统中实现规模化应用，各类短时储能成本降至 200 美元 / kWh 以下。抽水蓄能发挥技术成熟的优势，充分挖掘可以利用的站址资源，实现规模稳步增长；以锂离子电池为代表的电化学储能成本快速下降，在各个场景中均有成熟应用；超级电容、飞轮等功率型储能在特定场合实现商业应用，或与其他储能配合应用。长期储能成本降至 10 美元 / kWh 以下，氢储能和大型压缩空气储能初步实现由示范应用向商业应用转化。储热技术在终端用热需求较大的地区实现规模化应用，支撑光热发电实现吉瓦级工程应用。

2050 年，储能在电力系统各环节、各层级广泛应用，满足未来电力系统智能、灵活、坚强、广泛互联的应用需求，短时储能成本降至 120 美元 / kWh 以下，长期储能成本降至 7 美元 / kWh 以下。电化学储能的关键材料、器件研发、系统设计和结构优化等方面实现突破性进展，关键技术指标进一步提高，高安全性、长寿命、大容量、低成本的电化学储能成为电力系统中最主要的储能技术，全固态锂离子电池、金属空气电池、钠系电池等新型电化学储能技术初步成熟并开展示范应用。高功率密度、低成本的超级电容器、飞轮等功率型储能技术与其他储能技术混合应用更加普遍。压缩空气储能效率不断提高，充分利用地下洞穴资源开发大型储能项目。氢储能的核心技术不断进步，效率和寿命显著提升，设备成本快速下降，在电力系统中实现规模化应用，成为主要的长期储能技术。

4.1.2 技术难点

1. 机械储能

抽水蓄能技术已相当成熟，随着材料科学进步和制造工艺水平的提高，其效率、寿命等技术指标还能进一步提升，但空间有限。未来关键技术难点在于选址和施工建设方面。影响抽水蓄能经济性的主要因素是地形条件、土地征用、环保费用和建设成本等，预计未来抽水蓄能成本将维持现有水平，甚至有小幅增长。

压缩空气储能的主要问题是储能效率较低、能量密度低，由于系统机械构件多，系统集成复杂度较高，考虑到高端精密机械构件的加工制造困难，复杂的系统设计可借鉴的经验不多等，因此关键技术难点在于压缩机、膨胀机、储气装置等各设备分别性能提升及整体系统设计。

飞轮储能作为一种高功率型储能技术，近年来也在一些特殊应用场合实现了小规模应用，由于飞轮的关键部件精度可靠性要求高，密闭系统的整体设计难度大，因此未来技术难点主要在关键机械构件、系统可靠性及密闭设计、系统集成等方面。

2. 电化学储能

锂离子电池是目前技术和产业发展最快、工程应用领域最为广泛的储能技术，是电化学储能的主流方向。但从当前科研、产业和工程实践来看，锂离子电池仍存在一些问题需关注，主要是循环次数仍较少、成本依然较高、可燃性电解质带来的火灾安全风险等。围绕上述问题，现有材料可改进空间较少，通过产业化继续提升性能幅度有限，需要进行材料和工艺的重大改进，尚无成熟的路径可循。锂离子电池发展存在的技术难点主要是长寿命、低成本电极材料开发和制备，高安全性电解质材料研发，电池内部副反应抑制及界面改性，低成本大规模产业化技术等。

铅炭电池已在特定场景下实现工程应用，但目前铅炭复合电极提升电池性能的机理仍不明确，产品稳定性和可控性有待提升。进一步发展的难点主要是活性炭材料的质量和成本管控，铅炭复合负极材料的寿命，正极板栅合金的耐腐蚀性，负极析氢的抑制等。

全钒液流电池面临能量效率低、成本高等问题，除此之外还需要解决系统可靠性和环境污染防治等问题。对应的技术难点主要是高性能离子膜和高电导率电极材料技术、系统可靠性设计及集成技术、关键材料工程制备技术、系统污染防控及回收利用技术等。

3．电磁储能

超级电容器和超导磁储能的能量密度远低于锂离子电池等主流储能技术，这也是制约其进一步推广应用的主要瓶颈。现有材料体系和工艺路线无法继续大幅提升综合性能和能量密度。因此，其技术难点主要是高性能电极、电解质以及超导线圈等关键材料的研发及改进，装置及系统能量密度提升等。

4．化学储能

氢储能的全过程包括两次能量形式的转化，每个环节都不可避免存在能量的损失，造成整体效率偏低。电制氢、储氢、氢发电环节都需要通过新技术的研发提高效率。氢的密度低，大规模储氢也存在占地面积大、对容器要求高等难点，需要重点研发高能量密度的储氢形式。

电制合成燃料目前还处于试验示范阶段，对电直接还原二氧化碳生产各类产物的反应机理还不明确，还存在反应过程能耗较高、经济性差等缺点，主要的技术难点是反应过程的条件控制、催化剂的制备等。

5．储热

显热储热方面，目前技术较为成熟的熔融盐储热技术还存在成本较高、效率和可靠性较低等问题，具体包括熔融盐蒸汽发生器设计，熔盐泵、储热系统的优化控制等。以混凝土、陶瓷等固体材料为介质的其他储热技术在大规模制备工艺、储热系统优化设计及控制等方面存在难点。

潜热储热方面，石蜡、有机醇类、熔融盐等材料应用相对成熟，大范围推广还面临着的难点有高性能的相变储热材料、高可靠性显热—潜热复合储热技术、潜热储热单元及储热系统协调优化技术、潜热储热系统级控制技术等。

化学储热方面，需要探索具备工程化应用潜力的化学反应，研发高效率的化学反应器和化学储热系统，建立化学储热系统设计方法，研究系统集成技术等。

4.1.3 研发规划

为了实现以上中远期发展目标，需要攻克以下关键难点：锂离子、铅炭、液流等电化学储能的电极、电解质、隔膜等关键材料、制备技术及产业化；大容量压缩空气储能的压缩机、储气容器和膨胀机等关键设备设计和制造；飞轮储能的材料、轴承、电机、控制系统的研发、设计及模块化；超级电容器的高性能电极和介质等关键材料的研发及改进；高效和规模化的电—氢转化技术，大容量、低成本的储氢材料研发；储热/储冷的关键材料研发、热源/换热器协同控制技术、大型储热装置的设计。储能本体技术总体发展路线如图4.1所示。

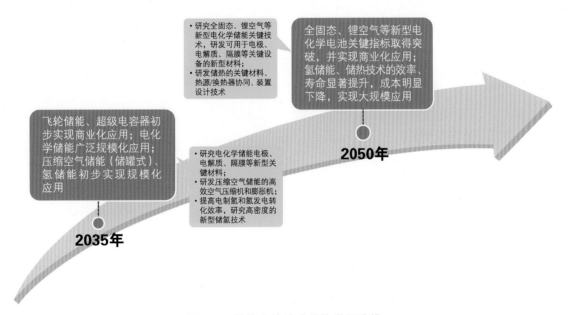

图 4.1　储能本体技术总体发展路线

1. 抽水蓄能

　　未来，抽水蓄能机组将向高水头、高转速、大容量方向发展，技术研发将主要集中在提高效率、容量和机组性能方面以及探索海水抽蓄等新型技术。

　　2035 年前，抽水蓄能需要重点研究变速恒频、蒸发冷却及智能控制等技术，提高系统效率；研究振动、空蚀、变形、止水及磁特性，提高机组的可靠性和稳定性；在水头变幅较大和供电质量要求较高的情况下研究使用连续调速机组，实现自动频率控制。抽水蓄能寿命达到 50 年以上，效率达到 80%，功率成本 750~950 美元 / kW。2050 年，技术水平将没有明显变化，成本预计将有一定程度的上升。

　　近期，应优先完成大型可变速抽水蓄能机组自动控制技术设计方案，研制具备抽水启动工况多系统控制参数协调控制、各异常状态机组保护闭锁技术的可变速抽水蓄能计算机监控系统。

2. 压缩空气储能

　　压缩空气储能未来研发方向是改进核心器件，优化储能系统设计，研究新型储气技术与设备，实现设备模块化与规模化，提高系统效率和使用寿命，提升单位体积的储气密度以及降低成本。压缩空气储能未来技术发展路线如图 4.2 所示。

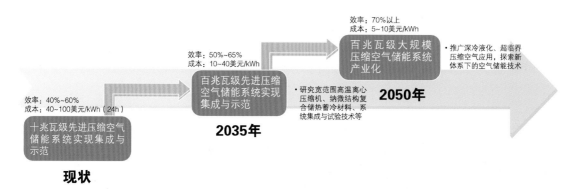

图 4.2　压缩空气储能未来技术发展路线

　　2035 年前，先进绝热压缩空气储能技术达到成熟水平，研究适用于深冷液化空气储能的宽范围、高温离心压缩机，研发高压高速级间再热式透平、纳微结构复合储热蓄冷材料，实现系统集成与试验技术及新型设备的标准化。实现百兆瓦级先进压缩空气储能系统的集成与示范，系统效率提升至 50%～65%，功率成本降至 750～2000 美元 / kW。利用洞穴的大规模压缩空气储能能量成本降至约 10 美元 / kWh，成为长期储能的可选技术。

　　2050 年前，深冷液化、超临界等高能量密度压缩空气储能技术实现规模化应用，研究等温压缩、等压压缩等新体系下的空气储能技术，探索利用其他工质（如二氧化碳）的气体压缩储能技术。实现百兆瓦级大规模压缩空气储能系统的产业化，系统效率达到 70% 并趋于稳定，功率成本降至 300～1000 美元 / kW。利用地下洞穴的压缩空气储能能量成本降至 5～7 美元 / kWh，成为重要的长期储能技术；利用储罐的压缩空气储能能量成本降至 7～10 美元 / kWh。

　　近期，优先研究多级中间冷却压缩技术、多级再热膨胀技术，提高压缩机和透平的效率；研究强化换热技术、高性能储热材料、保温材料，提高换热和储热效率；研究回收利用压缩机间冷热、透平排气余热技术，优化系统效率；研究液化空气储能、恒压储气关键技术，提高储能密度。

4.1　本体技术

3. 飞轮储能

作为典型的功率型储能技术，飞轮储能的主要发展方向是进一步提升系统功率密度，提高关键机械部件的性能，优化系统结构设计，提升系统安全可靠性，并降低成本。飞轮储能未来技术发展路线如图 4.3 所示。

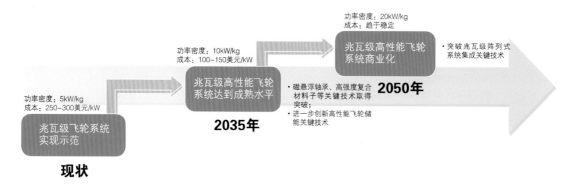

图 4.3　飞轮储能未来技术发展路线

2035 年前，在磁悬浮轴承、高强度复合材料和电力电子等关键技术领域取得突破性进展，进一步创新高性能飞轮储能关键技术，功率密度提升至 10kW/kg，成本降至 100～150 美元 / kW，兆瓦级高性能飞轮系统达到成熟水平。

2050 年前，突破兆瓦级阵列式系统集成关键技术，功率密度提升至 20kW/kg，成本趋于稳定，实现兆瓦级高性能飞轮系统的商业化。

近期，优先研究改进飞轮转子的材料选择、结构设计、制作工艺及装配工艺，提高功率和能量密度；研究新型超导磁悬浮技术来降低飞轮电机轴系损耗；优化系统结构设计，提高飞轮储能的安全性。

4. 锂离子电池

锂离子电池的发展主要受原材料开采和冶炼、电池材料合成和改性、应用领域及产业规模、电池回收和再利用、智能制造水平等多方面因素影响。未来研究方向主要集中在改善安全性，提升循环次数和能量密度，以及降低成本方面。锂离子电池未来技术发展路线如图 4.4 所示。

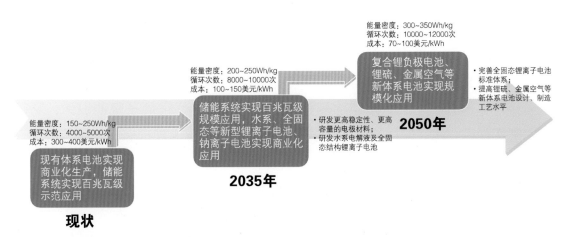

能量密度：150~250Wh/kg
循环次数：4000~5000次
成本：300~400美元/kWh

现有体系电池实现商业化生产，储能系统实现百兆瓦级示范应用

现状

能量密度：200~250Wh/kg
循环次数：8000~10000次
成本：100~150美元/kWh

储能系统实现百兆瓦级规模应用，水系、全固态等新型锂离子电池、钠离子电池实现商业化应用

2035年

·研发更高稳定性、更高容量的电极材料；
·研发水系电解液及全固态结构锂离子电池

能量密度：300~350Wh/kg
循环次数：10000~12000次
成本：70~100美元/kWh

复合锂负极电池、锂硫、金属空气等新体系电池实现规模化应用

2050年

·完善全固态锂离子电池标准体系；
·提高锂硫、金属空气等新体系电池设计、制造工艺水平

图 4.4 锂离子电池未来技术发展路线

2035 年前，研发更高化学稳定性、更高能量密度的正负极材料，研究基于水系电解液或全固态电解质的新型锂离子电池体系，实现电池的安全性、循环次数和能量密度明显提高。研发成本更加低廉的非锂系电化学电池，如水系钠离子电池等，拓宽电池材料的选择范围。到 2035 年，电池安全性能大幅提高，循环次数提升至 8000～1 万次，能量密度提升至 200～250Wh/kg，系统建设成本降至 100～150 美元 / kWh，实现百兆瓦级储能系统的规模应用。

2050 年前，复合锂负极等超高循环寿命的新型锂离子电池实现规模化应用，研发采用新型电极材料、全新体系结构的锂硫、金属空气等新型电池。电化学电池安全问题得到有效解决，循环次数提升至 1 万～1.2 万次，能量密度提升至 300～350Wh/kg，系统建设成本降至 70～100 美元 / kWh。

近期，研究热失控的触发机理及相应的主动安全防控关键技术，包括研究抑制负极锂枝晶生成的方法，如研发电解质添加剂、界面膜等；研发高热稳定性的电池材料，如原子掺杂或具有表面保护涂层的正极材料、低分子量醚类不可燃电解液、陶瓷增强隔膜或低收缩率高熔点聚合物隔膜等。研究应用钛酸锂等零应变负极材料的长寿命型锂离子电池。研究高工作电压正极材料的设计和制备技术。研究应用层状富锂锰基等新型材料的下一代锂离子电池设计、制备技术并实现产业化。加快推进锂离子电池作为电力系统大规模储能的示范应用。

5. 铅炭电池

未来，铅炭电池有望发挥其成本优势，作为锂离子电池等其他电化学储能大规模应用前的过渡产品或有益补充，研发将主要集中在提升循环次数、提高高倍率充放电性能及降低成本方面。铅炭电池未来技术发展路线如图 4.5 所示。

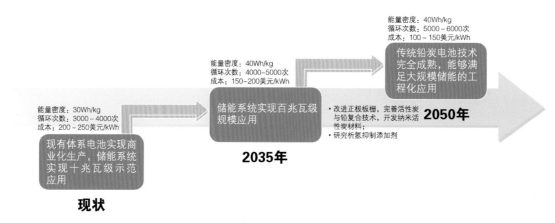

图 4.5　铅炭电池未来技术发展路线

2035 年前，研究铅炭电池电极材料的腐蚀机理，改进正极板栅的设计及制备，提高正极的耐腐蚀性；改进、完善活性炭与铅复合技术，开发纳米级活性炭材料，降低负极铅硫酸化水平；研发高效析氢抑制剂，减少电解液损失，提高运行安全性。

铅炭电池技术完全成熟，进一步将循环次数提升至 5000~6000 次，系统建设成本降至 100~150 美元 / kWh，满足大规模的工程化应用。

近期，优先研究改进铅炭电池的高、低温环境适应性，提高电池不同运行工况下的循环寿命；提升电池快速充放电能力和充放电深度；提高电池组均衡控制水平，优化运行控制策略。

6. 液流电池

液流电池主要研发方向是提升转化效率及降低成本，重点研发关键部件材料、提升工艺水平和优化系统结构等。液流电池未来技术发展路线如图 4.6 所示。

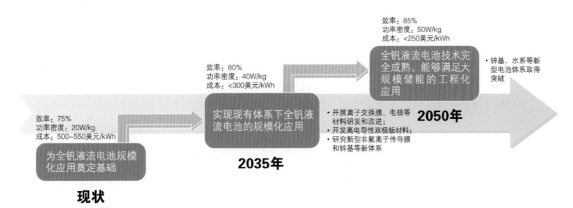

图 4.6 液流电池未来技术发展路线

2035 年前，开展离子交换膜、电极等关键材料研发和改进，开发高电导性双极板材料，研究新型非氟离子传导膜和锌基等新体系电池；实现现有体系下全钒液流电池的规模化应用，进一步将效率提升至近 80%，功率密度达到 40W/kg，系统建设成本降至 300 美元 / kWh 以下。

2050 年前，全钒液流电池技术完全成熟，能够满足大规模储能的工程化应用，锌基液流电池等新型电池体系取得突破性进展；液流电池效率提升至 85%，功率密度达到 50W/kg，系统建设成本降至 250 美元 / kWh 以下。

近期，优先研发高选择性、低渗透性离子交换膜和高导电率电极材料；优化电堆结构设计及电池系统的集成方法，提高工作电流密度到 400mA/cm^2，设计有效的焊接结构和组装工艺，提高电堆运行可靠性和生产效率。

7. 超级电容器

超级电容器未来研发方向主要是开发高性能电极，研发新型电解质材料，提升单体制备技术水平，进一步提高能量密度及技术经济性。超级电容器未来技术发展路线如图 4.7 所示。

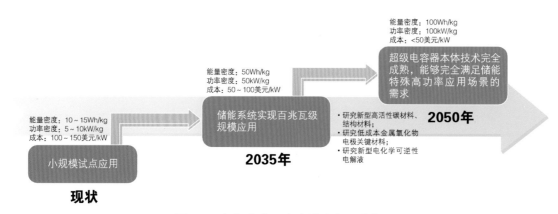

图 4.7　超级电容器未来技术发展路线

2035 年前，研究新型高活性碳材料、纳米材料在超级电容器中的应用，研究低成本金属氧化物电极关键材料，研究新型电化学可逆性电解液，探索新的材料体系和新的储能机制，进一步提升超级电容器模组的能量密度达到 50Wh/kg，功率密度达到 50kW/kg，系统成本降低至 50～100 美元 / kW。

2050 年前，超级电容器单体技术完全成熟，能够完全满足特殊高功率应用场景的需求，开展新型电化学超级电容器研究，能量密度提升至 100Wh/kg，功率密度提升至 100kW/kg，系统成本降至 50 美元 / kW 以下。

近期，优先开展各类电极和电解液关键材料研发和改进，研究适用于超级电容器的新型碳材料合成与制备，开展碳材料表征技术研究、石墨烯等新型碳材料在超级电容器中的适用性研究等。

8.　氢储能

氢储能涉及制氢、储输氢和用氢三个环节，提高制氢、用氢环节的能量转化效率和提高储输氢环节的能量密度是实现氢储能大规模工程化应用的关键。需要重点研发高温固体氧化物电堆等关键设备及材料，提高系统设计和集成水平，研发新型储氢技术等。氢储能未来技术发展路线如图 4.8 所示。

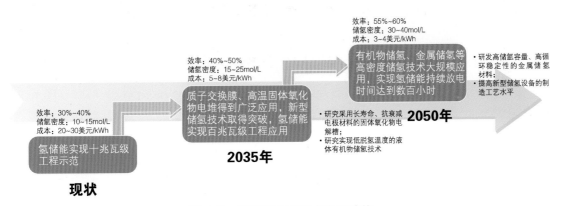

图 4.8　氢储能未来技术发展路线

2035 年前，质子交换膜电堆实现商业化应用，研究长寿命、抗衰减电极材料的高温固体氧化物电堆技术；低温液化储氢技术得到规模化应用，研究低熔点、高沸点和低脱氢温度的液体有机物储氢技术；研发高储氢密度、低成本的新型金属储氢材料；研究纯氢或高比例氢与天然气混输管道设计、制造技术；研究新型燃料电池技术，提高用氢效率。预计氢储能系统效率达到40%～50%（其中电解系统效率达到 80%，发电系统效率达到 55%），实现百兆瓦级工程试点，能量成本降至 5～8 美元 / kWh，逐步成为主流的长期储能技术。

2050年前，高温固体氧化物电堆设计及制备技术、关键材料生产工艺逐渐成熟，成为主流电制氢技术；研发高储氢密度、高稳定性的储氢材料，实现有机液体和金属储氢等新型储氢技术的实用化；输氢基础设施建设更加完善；高效率、低成本燃料电池技术获得广泛应用。氢储能系统效率达到近60%（其中电解系统效率达到90%，发电系统效率达到65%），储氢密度超过30mol/L，储氢系统氢质量占比达到10%，成本降至3～4美元/kWh（按720h计）。氢储能作为一种成熟的长期储能技术，应用到能源领域的各个方面。

近期，优先改善碱性电堆电极与隔膜材料，提高灵活调节能力，调节速度达到秒级；优化质子交换膜电解槽的设计和制造工艺，降低贵金属使用量，降低衰减率至每1000小时不超过0.2%；研发低成本、高可靠的新型高压储氢罐，降低氢储能成本至285美元/kg；研发低热导率、高强度、良好低温性能的罐体材料以及液化氢泵，降低氢液化电耗至6～10kWh/kg；研究安全可靠的氢与天然气混合输送关键技术与纯氢管网输送技术；研究探索利用电制氢合成燃料的技术路径及经济性。

9. 储热

太阳能光热发电领域，结合其向高参数发展趋势，重点研发700℃熔融盐储热、600℃相变储热和800℃固体颗粒储热技术，探索配合超临界二氧化碳发电系统和布雷顿循环发电系统的储热技术。拓宽储热技术在电力系统中的应用范围，面向风电和光伏等新能源发电，探索应用储热技术实现大容量系统级电—热—电储能。在供热、工业余热利用、移动储热和跨季节储热等应用方面，不断提高储热系统的储能密度，提高系统效率，降低能量转化过程中的损耗。储热未来技术发展路线如图4.9所示。

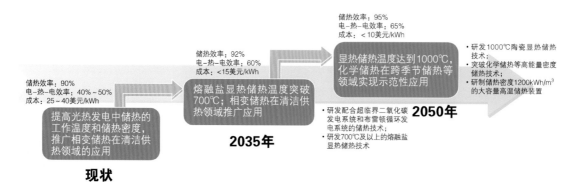

图4.9　储热未来技术发展路线

2035 年前，攻克 700℃ 及以上的熔融盐显热储热技术，储热密度相比目前提高 30%，储热效率提高到 92% 以上，电—热—电转化效率达到 60%，成本降至 15 美元 / kWh 以下。实现百兆瓦级高温热储能电站在电力系统中的示范应用。推广应用大容量跨季节储热技术，形成 10 万 m³ 级以上水体储热的成套设计、施工技术，90℃ 热水的综合热价低于 3 美分 / kWh。相变储热技术在清洁电力供热和移动储热等场景中得到广泛应用。

2050 年前，攻克 1000℃ 陶瓷显热储热技术，储热密度相比目前熔融盐储热系统提高 50%，电—热—电转化效率达到 65% 以上，储热成本低于 10 美元 / kWh。实现吉瓦级高温热储能电站在电力系统中的示范应用。化学储热在跨季节储热、移动储热等领域初步实现示范性应用。

近期，在高温储热材料的制备工艺方面，提高显热储热材料的储热密度和热物理特性，增强相变材料的导热性能和稳定性，减少腐蚀性和过冷度。高温储热单元的优化设计技术方面，研究储热单元与器件内部流动、传热传质现象与理论；研究储热单元构型与能质传递之间关联机理与强化途径，储热单元容量、功率与多相态能质传递协同设计方法等。储热系统的动态热管理技术方面，研究多物理过程、多部件特征及系统整体特性之间的耦合关系；研究适用于过程—部件—系统耦合的统一控制和分析方法。

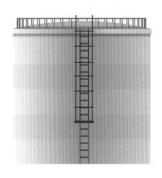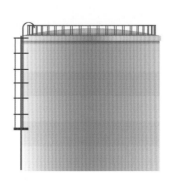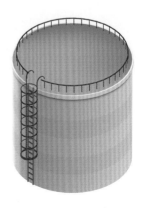

4.2 集成技术

4.2.1 发展目标

2035 年前，实现大规模储能工程设计、元件制造、设备装配、系统集成、生产运维等各环节标准化、模块化；储能系统在配置灵活性、环境适应性、应用安全性、状态评估准确性、能量转换效率、寿命等方面显著提升；在设计、制造、运维、安全等多个环节与相关标准相契合；实现百兆瓦级电化学储能规模化应用和吉瓦级系统集成，百兆瓦级动力电池梯次利用技术发展成熟，系统集成成本降低到 30～50 美元 / kWh。

2050 年前，进一步提升储能系统的配置灵活性、环境适应性、应用安全性和运行可靠性。大规模储能实现完全商业化的成熟应用，技术经济性指标趋于稳定。不同类型的储能将在能源互联网中扮演主要的调节能力提供者角色，并成为电力市场中辅助服务商品化交易的重要支撑。吉瓦级系统集成技术广泛应用，系统集成成本降至 15～20 美元 / kWh，寿命大于 20 年；除此之外，大量退役动力电池梯次利用也将成为远期储能中的一个重要组成，技术经济性将有显著提升，系统成本低于 60 美元 / kWh。

4.2.2 技术难点

未来，围绕储能系统高安全、高效率、高可靠、长寿命应用目标，还需要从系统设计和装备集成角度持续提升其综合技术经济性，这些与新材料、高端装备制造、信息技术等密切相关，具有高度学科交叉和技术融合特征，有着较大难度。主要技术难点为高能量转换效率储能系统模块设计与制造、储能系统安全预警、防护及消防灭火、储能系统全尺寸电热偶合模型与仿真、退役动力电池电芯和模块的健康状态与残值评估、梯次利用动力电池快速分选和重组等。

4.2.3 研发规划

未来，储能系统集成将向转换更高效、安全性更高、可靠性更佳、更加模块化的方向发展，主要研究内容包括储能通用化模块与系统设计方法，基于新型电力电子器件和拓扑结构的高效、高可靠、低成本能量转换技术，系统安全消防技术，退役动力电池梯次再利用技术，不同类型储能联合系统的设计与集成技术，电储能与其他能源、生产等系统的耦合技术等。系统集成未来技术发展路线如图 4.10 所示。

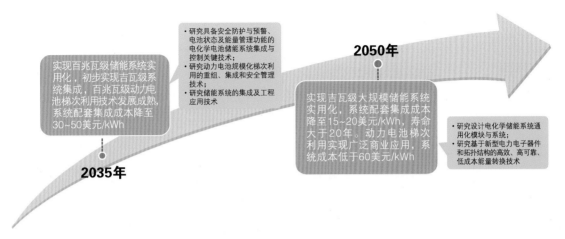

图 4.10 系统集成未来技术发展路线

近期，优先开展基于虚拟电厂的电池储能系统集成与控制关键技术研究；储能系统的虚拟同步机控制与集成关键技术研究；大容量模块化多电平储能系统集成技术研究；具备安全防护与预警、电池管理及能量管理功能的储能系统集成技术研究，其中储能电站 BMS 电压误差不大于 0.1%，温度误差不大于 1℃，SOC 估算偏差不大于 5%，PCS 额定功率下整流和逆变效率均不低于 98.5%，充电 / 放电转换时间均不大于 30ms，有功 / 无功功率响应时间均不大于 30ms；规模化梯次利用电池的重组、集成和安全管理技术研究；基于电制氢和氢发电的储能系统集成及工程应用技术研究；储热系统的集成及工程应用技术研究等。

4.2 集成技术

4.3 规划技术

4.3.1 发展目标

2035 年前，建立、完善高比例清洁能源系统储能需求评估、规划、配置的理论体系，实现电力系统储能规划与清洁能源开发联动和相互促进。广域分布的集中式及分布式储能在电力系统发—输—配—用等不同应用场景下的规划配置理论发展成熟，百兆瓦至吉瓦级不同类型储能装置参与系统级频率和电压调节、系统调峰、提高输配电设施的利用率及新能源发电接纳能力等多种应用的规划布局技术得到发展，支撑储能系统的大规模推广应用。

2050 年前，实现兼顾电、气、热和交通的多种需求的全球能源互联网广域储能配置整体规划。广域分布的吉瓦级及以上多类型储能在电力系统发—输—配—用等不同环节多样化应用的规划配置技术发展成熟。实现兼顾电、气、热和交通领域多种需求的广域储能配置整体规划。

4.3.2 技术难点

随着电力物联、智能电网、高速通信等各类新技术发展，电力系统结构、形态和运行方式将在未来发生重大变革，储能作为未来电力系统变革中的一个重要技术参与环节，其在应用规划层面的发展演变将与电网整体架构的变化密切相关。未来技术难点主要是储能系统提升新能源基地消纳，提升区域电网及特高压直流输送可靠性等规划理论；吉瓦级集中式及分布式储能在电力系统发—输—配各环节不同应用场景下的规划布局；多种电力市场交易与供电商业模式下储能的选型配置和经济性分析等。

4.3.3 研发规划

建立完善的储能总体需求评估方法，建立广域分布的集中式及分布式储能在电力系统发—输—配—用等不同环节的规划布局理论，优化百兆瓦至吉瓦级不同类型储能装置参与频率和电压调节、系统调峰、提高输配电设施的利用率及新能源发电接纳能力等多种应用的配置技术；研究储能与新能源发电基地同步规划方法，支撑高比例新能源接入电网；建立储能在输电和配电网中的广域优化布局方法；研究利用储能提高电力系统动态稳定的选型、布点、配置等问题；研究电力市场环境下储能选型配置方法；研究跨能源品种，兼顾电、气、热和交通用能需求的广义储能需求评估和优化配置方法。应用规划未来技术发展路线如图 4.11 所示。

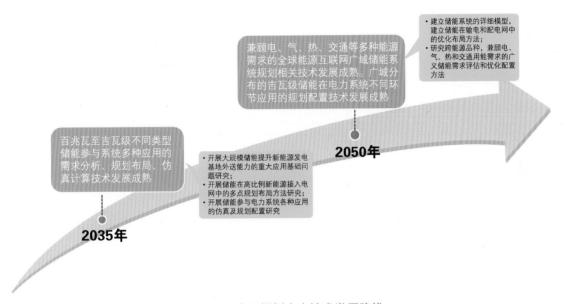

图 4.11　应用规划未来技术发展路线

近期，深入分析各类型储能技术的特点及经济性，以功能性及经济性的协调优化为目标，建立面向应用的储能配置模型，建立适用于电力系统发—输—配—用各种应用场景、多种应用目标的储能优化配置与规划平台，包括储能选型、储能容量配置、储能站点布局、商业化运营模式等，为储能电站的规划建设提供有力的依据。重点完善现有电力系统规划工具，建立不同类型储能的详细模型，实现考虑储能的系统最优规划；开展大规模储能提升新能源发电基地外送能力的重大应用基础问题研究；开展储能在高比例新能源接入电网中的多点规划布局方法研究；开展储能系统参与电力系统二次调频、储能系统辅助电力系统削峰填谷、储能系统提供紧急功率支撑等仿真及规划配置研究。

4.4 运行控制技术

4.4.1 发展目标

2035 年前，实现对电力系统不同应用场景中大规模储能的统一运行控制和调度管理，实现对电动汽车等分布式储能的聚集管理和控制。大容量储能电站监控技术取得进步，储能电站响应速度、控制精度等指标有效提升，储能电站大量运行数据得到高效管理与应用，可满足多目标应用需求。大容量多类型集中式、移动式、分布式储能在电力系统不同应用场景下的运行控制与调度管理技术发展成熟，实现百兆瓦至吉瓦级储能系统和大规模电动汽车储能的示范应用。

2050 年前，实现不同类型储能的协同优化管理，主要包括实现吉瓦级以上多类型储能在电力系统发—输—配—用各环节的多样化精确运行控制，实现大规模广域分布的移动式储能、分布式储能高效协同管理。

4.4.2 技术难点

在未来大规模储能广泛应用和渗透情形下，围绕各类储能资源协同优化和互通共享的目标，储能未来运行控制将持续向提升精确度、可信度和协同优化水平的方向发展。当前储能系统的装置可靠性和可控性尚不完善，BMS 和 EMS 还需提升，既需要电池本体、传感器、电力电子设备本身技术提高，也需要系统集成高度优化改进，同时需要信息互联技术广泛渗透至电力系统各环节，是个长期复杂的过程，难度较大。因此对应的技术难点主要是针对各类储能体系的大规模储能系统监测技术，多时间尺度应用目标下吉瓦级以上储能系统控制与能量管理技术，大容量多类型储能在能源互联网多场景下的多目标调度运行控制技术，分布式储能系统汇聚效应及其与电动汽车高效协同控制技术等。

4.4.3 研发规划

未来，在运行控制技术方面将向信息高度融合和智能优化控制方向发展，重点研究储能系统多点、多类型、多功能协同调度运行技术；研究大容量集中式储能在电网的调峰、调频、紧急功率支撑等电力系统多场景下的多目标调度运行控制技术；研究广域布局的储能与再生能源发电、常规电源之间的协调运行控制方法；研究多点布局和广域分布的多类型储能之间的协调控制方法；对于分布在配电网及用户侧的电动汽车等移动式、分布式储能，研究去中心化的优化聚合策略，研究分布式储能集中协同运行控制技术。运行控制未来技术发展路线如图 4.12 所示。

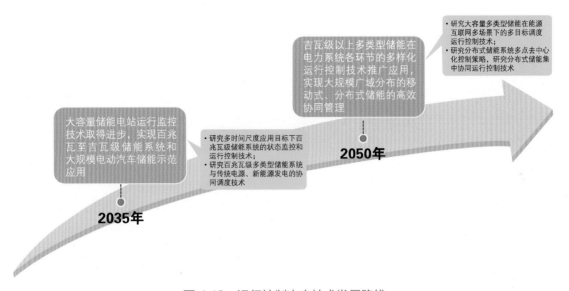

图 4.12　运行控制未来技术发展路线

　　近期，优先提高大容量储能电站监控水平，提升储能电站响应速度、控制精度等指标；开展多时间尺度应用目标下百兆瓦级储能系统的状态监控和运行控制技术及工程示范。提高储能电站运行数据管理、利用水平，建立数据挖掘和分析方法，指导运行方式制定；研究包括电动汽车在内的移动式、分布式储能在电力系统不同应用场景下的聚集控制与调度管理技术；研究百兆瓦级多类型储能系统与传统电源、新能源发电的协同调度技术。建立包括预警、防护、消防以及应急处理在内的大规模储能电站运行维护体系。储能电站监控系统的单体电压检测精度达到 ±2mV，储能电站监控系统的单体温度检测精度可以达到 ±1℃，锂离子电池储能电站联动监控系统具备 5s 之内确定事故发生位置，1s 内切断故障设备电源，并采取相应安防措施的能力。

4.5 评价与标准

4.5.1 发展目标

2035 年前，建立包括各种储能技术，涵盖全寿命链条的标准体系。储能系统标准体系方面，完成电力储能的相关术语、储能本体的编码导则、储能电站的规划设计、储能设备及试验、储能电站施工及验收、储能电站并网及检测、储能电站运行与维护等，具备对储能电站的并网检测与安全评估能力，形成包含各种形式储能本体、储能关键设备和储能电站并网的全链条全体系综合试验检测评价和综合评价能力。电化学储能的标准框架建立，包括完整的锂离子电池、铅炭电池等各分支相关标准，标准体系成熟完善。完成新型储能技术（如全固态锂离子电池、锂硫电池、飞轮、压缩空气储能等）的相关标准制定，建立包括各种储能技术，涵盖不同类型储能设备全寿命链条的标准体系。

2050 年前，形成多类型储能电站的并网检测与技术指标综合评估体系。按照储能的不同形式，完成分布式、集装箱式、电动汽车储能等系列标准，制定氢储能、锂空气电池储能、热相变储能等系列标准，实现多类型混合储能电站的模型建立与验证，形成多类型储能电站的并网检测与综合评估体系，跟踪最新储能技术发展，为储能技术长期健康发展奠定基础，满足电网发展和建设对大规模储能技术和装置的迫切要求。

4.5.2 技术难点

　　储能系统结构复杂，涉及的应用模式和场景丰富，其检测评价对象多、考虑的交叉因素繁杂，这都决定了储能系统检测评价和标准化难度较大。技术难点主要是新型储能的能量管理、并网检测和综合性能评估；多种应用场景下储能电站安全性能评价与实验模拟；多类型储能电站的并网性能检测与综合评价；多点布局的家用储能、电动汽车储能的能量管理及评价等。

4.5.3 研发规划

　　在储能标准化方面，按照储能的不同形式，如集装箱式、分布式、电动汽车储能等，细化、完善现有电化学储能的标准体系；制定全固态锂离子电池、锂硫电池、锂空气电池、氢储能、储热（冷）等新型储能系统的相关技术标准。系统评价与标准未来技术发展路线如图 4.13 所示。

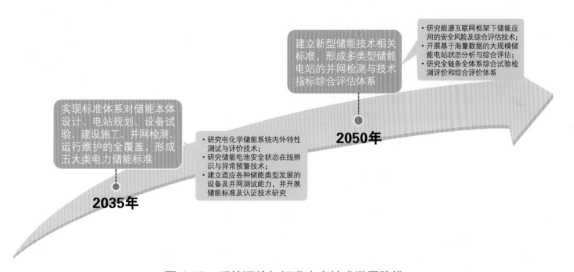

图 4.13　系统评价与标准未来技术发展路线

　　在储能系统评价方面，研究储能本体、并网检测和综合性能评估技术；研究能源互联网框架下储能应用的安全风险及综合评估技术；研究储能系统可靠性评价方法以及状态监测、预警技术；研究基于海量数据的大规模储能电站状态分析与综合评估技术；形成包含各种形式储能本体、储能关键设备和储能电站并网的全链条全体系综合试验检测评价和综合评价体系。

　　近期，完善基础通用、系统要求、设备及试验、安装调试、维护检修调度等五大类电力储能标准。按照规划设计类、设备及试验类、施工及验收类、并网及检测类、运行与维护类等制定电化学储能国家标准、行业标准，完善企业标准。完善储能产品性能、安全性等检测认证标准。制定针对电力系统应用的物理储能和其他形式储能标准。优先完成电力储能的相关术语、电化学储能本体的编码导则，实现标准体系对储能设备及试验、储能电站规划设计、施工、验收、并网、检测、运行及维护等环节的全覆盖。研究电化学储能系统内外特性测试与评价技术，研究大规模储能电站状态分析与综合评估技术，研究储能系统安全性检测评价技术，研究大规模储能技术经济性评价方法；研究梯次利用动力电池健康状态特征参量表征和残值评估技术；研究储能电池安全状态在线辨识与异常预警技术；建立适应各种储能类型发展的设备及并网测试能力，开展储能标准及认证技术研究。

5 发展展望

　　各种储能装备在技术和经济性上全面支撑全球能源清洁转型发展需要，成为高比例清洁能源系统中必不可少的组成部分，在提高电能质量、调节余缺、保障安全等方面发挥不可替代的作用。本章从体系结构、构建过程、发展趋势以及综合效益等方面对未来储能体系进行展望，并提出促进行业发展的相关建议。

5.1　体系结构

　　在未来的高比例清洁能源系统中，众多储能设备从时间尺度、配置环节、应用场景等不同维度共同构成整体的储能体系，为系统提供调节能力。

　　时间尺度维度，超短时储能主要用于平抑新能源发电或用电负荷的快速随机波动，总需求量最少，部分场合可以由短时储能代替其功能；短时储能主要为系统提供功率调节能力，是系统灵活性的重要保障，也是未来储能体系的中坚力量；长期储能主要为系统提供能量调节能力，在能源系统由高比例向超高甚至 100% 清洁能源占比发展的过程中必不可少，是未来储能体系的基石，如图 5.1 所示。

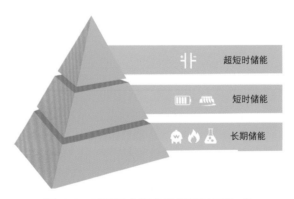

图 5.1　时间尺度视角的储能体系构成

配置环节维度，用户侧以大量接入的电动汽车作为短时储能，以基于 P2G 的氢（甲烷）储能作为长期储能，预计功率占比将达到 55%~65%，储电量占比达到 60%~70%，构成系统储能的基础。电源侧适当开发具备调节能力的光热发电，以电化学储能为主的短时储能，以压缩空气、氢储能等作为长期储能，预计功率占比为 25%~35%，储电量占比为 30%~40%。电网侧配置以电化学、抽水蓄能等为主的短时储能，预计功率占比为 5%~10%，储电量占比不超过 1%，如图 5.2 所示。

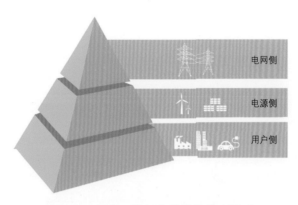

图 5.2　配置环节视角的储能体系构成

应用场景维度，用于季节性调峰、长期需求响应等场景的储能主要提供能量调节能力，储电量在储能体系中的占比最大。用于日内调峰、缓解输变电阻塞、应急备用等场景的储能主要提供功率调节能力，装机容量在储能体系中占比最大。用于一次调频、提高电能质量、平滑新能源出力等场景的储能装机容量和储电量都较小，用于特定场合，可以由其他短时储能兼顾其功能，如图 5.3 所示。

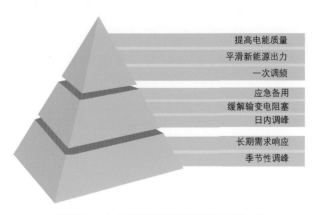

图 5.3　应用场景视角的储能体系构成

5.2 构建过程

从构建过程上看，储能体系的构建与能源转型的进程密切相关，**电网侧、发电侧、用户侧储能将依次发展**，如图 5.4 所示。新能源占比较低时，充分发挥常规电源的调节能力，在电网侧建设抽水蓄能，并积极探索新型储电技术的工程应用，可基本满足系统需求，如当前的抽水蓄能和示范性电化学储能。随着新能源占比不断提高，仅靠电网侧储能无法提供足够的灵活性，需要在发电侧配置短时储能平抑新能源发电的随机性和波动性，如风光储工程、光热电站、多能互补项目等；在用户侧，电动汽车以 V2G 形式接入电网，逐渐发挥储能的作用。

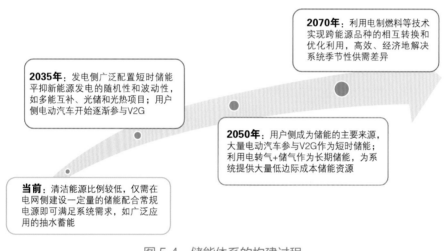

图 5.4　储能体系的构建过程

在高比例清洁能源系统中，则需要更大规模的储能作为灵活性资源的基础。届时 V2G 技术应用的条件逐渐成熟，以电动汽车为代表的用户侧短时储能和利用"电转气 + 储气"实现的长期储能将在储能体系中逐渐发挥基石作用。在用户侧储能广泛实施之前，需要发挥电网侧、发电侧集中式储能的优势，先行示范和引导储能，特别是电化学等新型储能发展，检验配套政策及商业模式，激活和带动储能产业链和周边生态链发展，为实现大规模 V2G 创造条件，最终建成适应高比例清洁能源系统的储能体系。

在未来超高比例甚至 100% 清洁能源系统中，需要依托电制燃料等技术实现多种能源系统之间互联、能源系统与生产系统互联，将分散于不同系统内的储能（存储）能力进行整合和统筹优化，构建"广义储能"系统。以利用电制气（Power to Gas，P2G）技术实现长期储能为例，采用电—气（氢或甲烷）—电的技术路线，转换涉及两次能源形式的转化，储能过程损耗较大，受原理限制，能效提升空间有限。如果通过电制气技术形成电和气两个能源品种互联互通的能源互联网，在电力富余时段用电制气后，发挥气体易于存储的优势进行长期储能，将"气需求"转化为"电需求"；在电力不足时，这部分气不转化回电能，而是通过价格信号引导用户直接用气，将"电需求"转化为"气需求"，可以实现跨能源品种的"广义储能"和优化利用。在不改变整体用能需求的条件下，解决系统季节性的供需差异，最终实现超高比例甚至 100% 清洁能源系统的高效、经济运行。

专栏 5.1	电动汽车在储能体系中的定位

- 电动汽车发展趋势

2008—2018 年，全球电动汽车（含插电式混合动力车及燃料电池汽车）保有量从不足 3000 辆猛增至超过 510 万辆，年均增速超过 200%。主流研究机构均预测电动汽车数量将继续保持高速增长，预计到 2050 年，全球电动汽车保有量将达到 10 亿辆，其中纯电动汽车超过 8 亿辆，全年用电需求约 2.4 万亿 kWh。

- 对电网的影响

按照电动汽车与电力系统互动方式和特性的不同，可以分为无序充电、有序充电和车网互动（V2G）三种模式。无序充电指所有电动车完全根据用车需求进行充电；有序充电指通过电价政策、充电控制技术等手段，引导和优化电动汽车用户充电行为；车网互动指电动汽车与电网之间实现功率双向交换和信息双向互动。以中国为例进行测算，三种模式下，电动汽车充放电对电网日内负荷峰谷差的影响分别为增加 10%、减少 15% 和减少 50%，如图 5.5 所示。对电网而言，三种模式下的电动汽车分别相当于刚性负荷、可控负荷和储能资源。

- 电动汽车作为储能的潜力

目前，动力电池成本较高是限制 V2G 发展的最主要因素。未来随着动力电池成本下降、相关政策支持和配套基础设施的完善，预计 2035 年前，电动汽车将逐渐开始参与 V2G，到 2050 年，如果全球 40% 的电动汽车参与 V2G（参与强度 20%），提供的功率可达 2.3TW（时长 3h，电量 7TWh），相当于在用户侧接入了大量低边际成本的分布式储能设备，可为电力系统节省超过 5000 亿美元的储能设备投资。以电动汽车为主的用户侧储能总量大、分布广，将在需求侧响应、削峰填谷、电网调频等场景下发挥重要作用，成为整个储能体系的基础，与发电侧和电网侧储能共同为未来高比例清洁能源系统提供充足的储能资源。

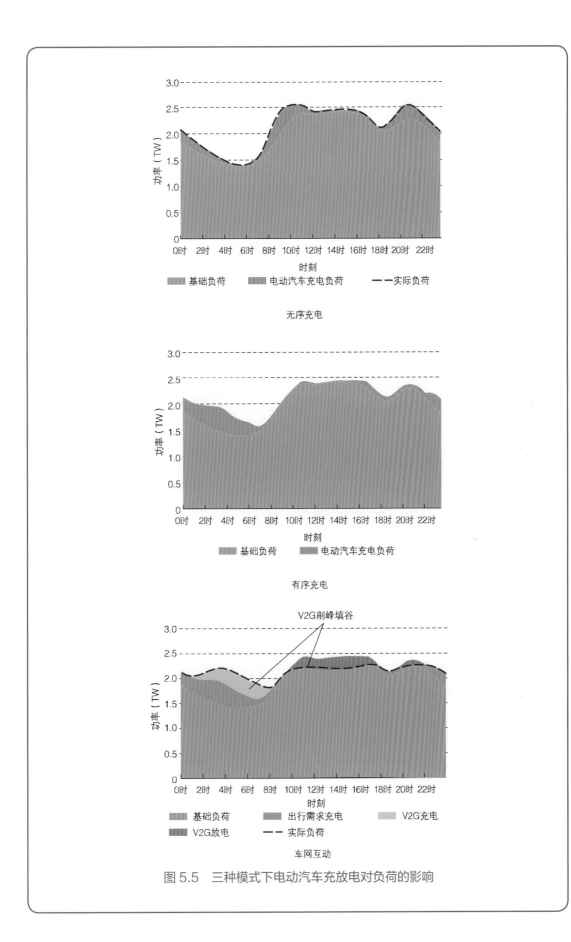

图 5.5　三种模式下电动汽车充放电对负荷的影响

5.3 发展趋势

随着新能源渗透率的提高，传统机组能够提供的调节能力不断降低。能源系统需要储能作为新的调节能力来源，同时挖掘电网互联、需求侧响应等增加系统灵活性的手段，确保用电需求得到满足，减少弃风弃光，从而提高能源利用效率，降低系统整体用能成本，如图 5.6 所示。

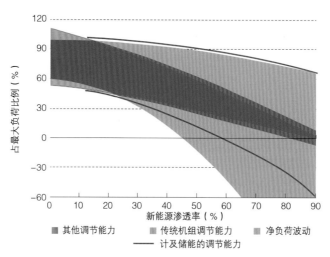

图 5.6　计及储能的调节能力随新能源渗透率提高的变化趋势

从经济性优化的角度来看，清洁能源消纳存在一定的合理利用率范围。随着清洁能源渗透率的提高，固守低弃风弃光比例，甚至百分百全额消纳，将极大提升系统成本。如果配置储能的成本超过其带来的效益，一定程度的弃风、弃光也是确保系统成本最优的合理选择。

随着清洁能源转型的深入，储能装机规模将逐渐变大，应用场景越来越多，构成由简单到复杂。预计到 2050 年，全球能源互联网中新能源渗透率达到 55%，储能提供的调节能力将达到最大负荷的 40% 左右，在所有调节能力来源中占比超过一半。当新能源渗透率达到 80% 甚至更高，储能提供的调节能力将达到最大负荷的 80% 以上，成为系统中最主要的调节能力来源，如图 5.7 所示。

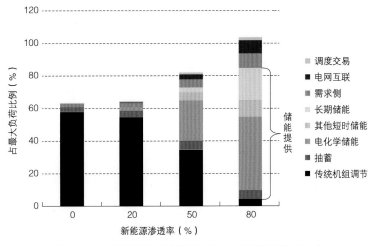

图 5.7 不同新能源渗透率下的系统调节能力构成

5.4 综合效益

降低清洁用电成本，支撑能源清洁转型。 储能技术的发展为高比例清洁能源系统提供了必需的调节能力，降低了能源消费成本，从技术性和经济性两方面支撑了清洁能源大规模开发利用。预计到 2050 年，相对于不采用储能的情景，储能的大规模应用将减少风电、光伏装机容量 37.3TW，每年减少弃风、弃光 86PWh，全球平均综合度电成本降低 3 美分，为顺利实现能源清洁转型奠定坚实基础。

大规模、多场景广泛应用，促进储能行业发展。预计 2050 年前，清洁能源的大规模开发利用将为全球带来约 4.1TW、500TWh 的储能需求，市场规模达到 2.8 万亿美元，有力带动整个行业蓬勃发展。各类不同的储能技术将在能源系统中找到适合自身特性的细分市场，提高储能设备的技术性能，降低成本，实现由研发、试验、示范向大规模商业运营转变。

新技术、新材料需求迫切，促进多学科创新融合。储能技术种类多、应用广，基础理论涵盖理论物理、力学、热物理、化学、材料科学、机械工程、冶金工程、电气工程等众多学科。储能大规模应用将促进相关学科，特别是交叉领域多学科融合发展，提升科研水平，有力推动基础科学和应用技术相互促进、协同发展。

促进上下游产业联动，实现装备和制造业升级。储能产业的上下游涉及采矿、冶金、制造、电力、自动化、化工、交通等多个行业，几乎覆盖整个工业领域。以锂离子电池为例，上游产业包括锂、镍、钴、锰矿的采掘、精炼、合成，中游包括电极、电解液（电解质）、隔膜等材料的制造，下游涉及电力、消费电子、新能源汽车行业等。储能产业的快速发展将有力促进产业链优化、整合，为制造业转型升级提供创新动力。

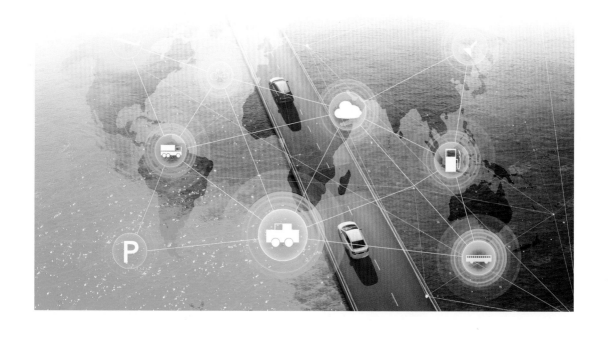

5.5　发展倡议

随着能源清洁转型的不断深入，储能必将成为能源系统不可或缺的重要组成部分。系统对调节能力的需求为储能技术的发展提供了温床。在这一过程中，各类储能的技术性能不断提高、成本不断降低，逐渐适应系统中不同应用场景的需求。以下建议旨在帮助主要利益相关者更好地营造储能技术生态系统，以实现储能产业的健康发展，推动能源系统的清洁化转型。

5.5.1　政策制定机构

明确储能在能源转型过程中的定位。新能源渗透率的提高为储能带来广阔的市场前景，目前，电力系统中的大规模储能仍然是以抽水蓄能占据绝对主导地位，但新型储能技术（包括锂离子电池等）成长迅速，未来有望快速得到推广应用。政策制定者需要重视储能在能源清洁转型中的重要作用，把握不断进步的储能技术能够在哪些领域得到应用，能够解决什么样的问题，以及如何推动能源转型。

根据能源转型的不同阶段统筹规划储能技术的发展。结合能源转型的进度，准确分析和把握当前能源系统对储能的整体需求，分别优化制定不同类型、不同种类储能的发展规划和配置方案。

为新兴技术提供发展土壤。市场和资本往往关注较为成熟、能够较快变现的技术，如锂离子电池等，对发展潜力大但还处于研发期的技术缺乏投资意愿。政策制定者可以通过安排专项扶植、示范应用、数据共享、统一测试标准、创新再保险等措施，帮助技术创新者提高融资能力，推动具有潜力的新型储能技术（如压缩空气、氢储能等）实现商业化运营。

重点关注储能的安全性。储能技术设计的缺陷、设备制造的瑕疵以及应用方式的不合理都有可能引发储能应用的安全隐患。安全性问题容易引起全社会的关注，一旦爆发可能造成整个行业的倒退。**建立储能应用的商业模式。**制定合理的政策、交易机制或补偿措施，在传统电源、储能和需求侧响应等灵活性资源之间创造平等的机会，激励储能参与更多的电力系统应用场景（如调频、峰谷差套利等），探索和开发储能在各种应用场景下能够为电力系统提供的巨大价值。支持公用事业的示范应用项目，鼓励和支持公用事业单位在建设和整合储能方面积累经验。推动储能商业化运营，加强市场监管，营造开放、公平的竞争环境。通过市场引导，使全社会更深刻认识到储能对于推动能源清洁转型的意义，吸引更多的投资者参与储能体系的建设。**使用最新的信息进行储能的发展规划**。储能技术进步迅速，在规划过程中，要确保地方政府、发电企业、电网运营商、用户等各利益相关方采用实际的、准确的数据，以采取科学合理的前瞻性投资，避免信息不对称带来的损失。

　　加强储能专业学科建设和人才培养。储能产业是重要的战略性新兴行业。促进储能技术发展，需要打破原有的学科和专业壁垒，加快物理、化学、材料、能源动力、电力电子等多学科、多领域的交叉融合、协同创新。在有条件的高校建立储能专业学科，引导社会建立和发展储能技术和工程研究机构，形成完备的专业人才培养体系；建设储能技术产学研融合创新平台，推动关键技术研究水平提高，有效推动能源清洁转型和全球能源互联网发展。

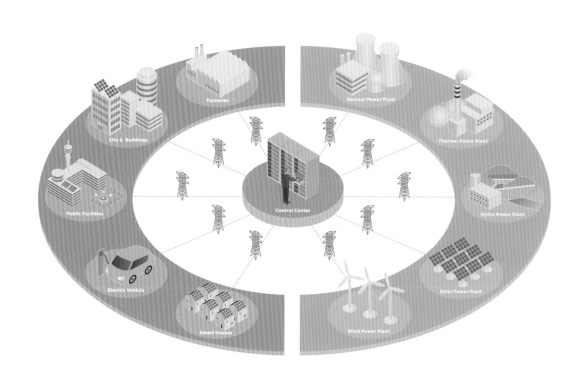

5.5.2 投资者

准确把握行业投资机遇。储能产业的发展与能源转型的进程密切相关,其投资风险和收益时间表可能与传统产业并不相同。目前储能在电网中的应用还较少,但随着清洁转型的加速,储能产业的风口可能快速到来,建议投资者既考虑投资已形成成熟商业模式的技术,如新能源汽车的动力电池等,也应关注储能技术在电力系统辅助服务中的投资机会,参与相关支持技术的研发。

加强产业链整合,加快推动储能技术实现商业化。储能市场的投资方向不仅仅局限在储能本体,还应着力发掘储能系统所必需的并网、优化、控制等环节的投资价值,鼓励技术提供者在开发早期与设备制造商、系统集成商建立联系,加强整个产业链的合作,加快研发和商业化进程,推动新型储能技术的实用化。增加对开放式创新、加速器和创新测试平台的支持,帮助加快整个创业生态系统的技术审查和经验分享。

短期投资与前瞻性战略投资相结合,目光投向更有潜力的储能技术。当前,储能领域的投资热点主要集中于电化学电池等日趋成熟的储能技术,锂离子电池已经具有较强的竞争力,早期的投资布局者在锂离子电池的快速发展过程中获得了先发优势。与此同时,各种新型储能技术也在蓬勃发展,满足系统规模化应用的细分场景和需求,加强对新技术的培育,根据系统需求寻找更有潜力的储能技术,有助于投资者获得长期回报。

考虑不同储能技术的混合搭配以发现新的投资机会。不同的储能技术特性各异,没有哪种储能技术能够适用于所有的应用场景。通过不同储能技术的配合使用,可能实现满足用户的独特需求,例如,采用锂离子电池与超级电容器配合,实现电动汽车的快速充电等。

借鉴已有的成熟商业模式。积极投资和观察已经初步形成商业模式的储能市场(如调频辅助服务、峰谷差套利等),总结经验,寻找机会,考虑储能在哪些应用场景更容易实现盈利,尽早发现新的商业模式。

附录　缩略词

缩写	含义
PHS	Pumped Hydro Storage，抽水蓄能
CAES	Compressed Air Energy Storage，压缩空气储能
AA-CAES	Advanced Adiabatic Compressed Air Energy Storage，先进绝热压缩空气储能
LAES	Cryogenic Liquefied Air Energy Storage，深冷液化空气储能
SCAES	Supercritical Compressed Air Energy Storage，超临近压缩空气储能
VFB	Vanadium Flow Battery，全钒液流电池
SMES	Superconducting Magnetic Energy Storage，超导磁储能
GES	Gravity Energy Storage，重力储能
MGES	Mountain Gravity Energy Storage，山地重力储能
AFC	Alkaline Fuel Cell，碱性燃料电池
PEM	Proton Exchange Membrane，质子交换膜
SOEC	Solid Oxide Electrolyzer，固体氧化物电解槽
BMS	Battery Management System，电池管理系统
PCS	Power Conversion System，功率转换系统
EMS	Energy management system，能量管理系统
SOC	State of Charge，荷电状态
DOD	Duty of Discharge，放电深度
VRE	Variable Renewable Energy，不可调节新能源
LCOE	Levelized Cost of Electricity，平准化度电成本
P2G	Power to Gas，电制气
EV	Electric Vehicle，电动汽车
V2G	Vehicle to Grid，车网互动
DR	Demand Response，需求响应
DSM	Demand Side Management，需求侧管理
AGC	Automatic Generation Control，二次调频

图书在版编目（CIP）数据

大规模储能技术发展路线图 / 全球能源互联网发展合作组织著. —北京：中国电力出版社，2020.10（2023.5重印）

ISBN 978-7-5198-4779-1

Ⅰ．①大… Ⅱ．①全… Ⅲ．①大规模—储能—技术—能源发展—研究 Ⅳ．①TK02

中国版本图书馆 CIP 数据核字（2020）第 123844 号

审图号：GS（2020）2838 号

出版发行：中国电力出版社

地　　址：北京市东城区北京站西街 19 号（邮政编码 100005）

网　　址：http：//www.cepp.sgcc.com.cn

责任编辑：孙世通（010-63412326）

责任校对：黄　蓓　常燕昆

装帧设计：张俊霞

责任印制：钱兴根

印　　刷：北京瑞禾彩色印刷有限公司

版　　次：2020 年 10 月第一版

印　　次：2023 年 5 月北京第四次印刷

开　　本：889 毫米 × 1194 毫米　16 开本

印　　张：10.75

字　　数：215 千字

定　　价：160.00 元